Fay

Lineare Algebra und lineare Optimierung

Lineare Algebra und lineare Optimierung

Mathematische Grundlagen und Beispiele zur linearen Programmierung

von

Franz Josef Fay

Studiendirektor am Ruhr-Kolleg, Essen
Dozent für Wirtschaftsmathematik an der Fachhochschule, Bochum

Betriebswirtschaftlicher Verlag Dr. Th. Gabler - Wiesbaden

2. Auflage — ISBN 3 409 95304 3

Vorwort

Bei der Behandlung linearer Optimierungsprobleme werden mathematische Kenntnisse benötigt, über die mancher Leser noch von seiner Schulzeit her verfügen wird. Er kann dann der Lösung der gestellten Probleme im nachfolgenden Abschnitt der Linearplanung wohl ohne größere Schwierigkeiten folgen. Den weitaus meisten Lesern wird aber die dort verwendete Symbolik der Mengenlehre noch nicht geläufig sein. Deshalb wird im ersten Kapitel eine Einführung in die Mengenlehre gegeben. Sie wird nur so weit getrieben, als Sprache und Symbolik der Mengenlehre in den späteren Ausführungen der Linearplanung Verwendung finden. Es muß insbesondere der Begriff der Erfüllungsmenge von Gleichungs- und Ungleichungssystemen verständlich werden.

Viele Benutzer dieses Buches werden dankbar sein, wenn in einem zweiten Kapitel diejenigen Grundbegriffe aus der Gleichungs- und Ungleichungslehre und aus der Funktionentheorie aufgefrischt und zusammenfassend dargestellt werden, die in den Rechnungen und Zeichnungen der Linearplanung auftreten.

Die Behandlung von linearen Gleichungssystemen gibt Veranlassung, dem Leser eine Einführung in die Determinantenlehre anzubieten. Da Determinanten und Matrizen in der Wirtschaftstheorie immer häufiger benutzt werden, dürfte auch dieses Kapitel vielen Benutzern des Buches willkommen sein. Die Beherrschung des Rechnens mit Determinanten ist aber nicht Voraussetzung für das Verständnis der nachfolgenden Ausführungen über Linearplanung.

In der zweiten Auflage wurde dem vielfach geäußerten Wunsch nach einer Behandlung der Matrizenrechnung durch den Einbau eines eigenen Abschnitts entsprochen. Das Schlußkapitel wurde neu gefaßt und wesentlich erweitert: Das in diesem Buch entwickelte rein rechnerische Verfahren der Linearen Optimierung wird als „Kombinationsmethode" ausdrücklich formuliert und an manuell berechneten Beispielen mit zwei und drei Variablen dargestellt. Dem folgt der Bericht über die Berechnung eines nach der Kombinationsmethode programmierten Beispiels durch einen Computer. Abschließend wird ein vergleichender Ausblick auf die Simplexmethode gegeben, wobei die beiden Verfahren gegeneinander abgegrenzt werden.

F. J. Fay

Inhaltsverzeichnis

Lineare Algebra und Linearplanung

A. Lineare Algebra

I. Grundbegriffe der Mengenlehre zur Behandlung von Gleichungs- und Ungleichungssystemen

Der Begriff der Menge gehört zu den universalen Grundbegriffen des Denkens, mit denen der Mensch die ihn umgebende Welt ordnend zu erfassen sucht. Schon das Abzählen ist nichts anderes als das Zuordnen von Mengen. So hat die noch recht junge Mengenlehre heute in der Mathematik eine zentrale Bedeutung erlangt; sie ist das tragende Fundament für alle mathematischen Disziplinen geworden.

Die hier dargebotene kurze Einführung in die Mengentheorie verfolgt zwei Ziele: sie soll dem Leser eine allgemeinbildende Orientierung auf dem Gebiet der Mathematik geben und ihn befähigen, die Teile der Linearplanung, in denen die Systematik der Mengenlehre verwendet wird, mit Verständnis zu verfolgen.

1. Definition des Mengenbegriffs

a) Der Mengenbegriff von Cantor

Nach C a n t o r (1845—1918), dem Begründer der Mengenlehre, versteht man unter einer Menge

> „eine Zusammenfassung M von bestimmten, wohlunterschiedenen Objekten m unserer Anschauung oder unseres Denkens — welche die Elemente von M genannt werden — zu einem Ganzen".

Man erkennt aus dieser Definition zwei wichtige Merkmale des Mengenbegriffs:

1. Eine Menge ist festgelegt, wenn von jedem beliebigen Objekt angegeben werden kann, ob es zur Menge gehört oder nicht.

2. Ein und dasselbe Objekt darf in einer Menge nicht mehrfach als Element auftreten. Auf die Reihenfolge der Elemente einer Menge kommt es im allgemeinen nicht an.

So bilden beispielsweise die Schüler einer Klasse, die Mitglieder eines Vereins, die Gemälde eines Museums, die Bücher in einem Schrank, die Punkte auf einer bestimmten Kreislinie jeweils eine Menge.

5

In der Mathematik haben wir es häufig mit der Menge von Zahlen zu tun. Es ist üblich, Mengen mit Großbuchstaben zu bezeichnen. Die Elemente werden in geschweiften Klammern angegeben; sie können in aufzählender Weise oder auf irgendeine andere Art festgelegt werden.

b) Beispiele für Mengen

$M_1 = \{1, 2, 3, 4\}$ bezeichnet die Menge der ersten vier natürlichen Zahlen

$M_2 = \{1, 2, 3, \ldots\}$ bezeichnet die Menge N aller natürlichen Zahlen; sie wird üblicherweise mit dem Buchstaben N bezeichnet

$M_3 = \{n \mid n$ ist eine natürliche Zahl mit $10 \leqq n < 100\}$[1])

bezeichnet die Gesamtheit der natürlichen zweistelligen Zahlen. Sie läßt sich aufzählend folgendermaßen schreiben:

$M_3 = \{10, 11, 12, \ldots\ldots\ldots\ldots, 99\}$

$M_4 = \{p \mid p$ ist Primzahl$\}$

bezeichnet die Gesamtheit der Primzahlen

M_1 und M_3 sind   endliche Mengen,

M_2 und M_4 sind unendliche Mengen.

E n d l i c h e Mengen mit nur einem Element sind beispielsweise:

$$M_5 = \{a\}$$

$$M_6 = \{p \mid p \text{ ist Primzahl mit } 19 < p < 29\} = \{23\}$$

$$M = \{0\} \text{ ist die Menge mit dem Element } 0$$

Enthält eine Menge M kein Element, dann bezeichnet man sie als die „l e e r e M e n g e" und schreibt $M = \emptyset$

B e i s p i e l :

$$M = \{p \mid p \text{ ist eine durch 2 teilbare ungerade Zahl }\} = \emptyset$$

Diese Menge ist leer, denn es existiert keine ungerade Zahl, die durch 2 teilbar ist.

---

[1]) Der Ausdruck $10 \leqq n <$ stellt eine Zusammenfassung der beiden Ungleichungen $n \geqq 10$ und $n < 100$ dar.
Man liest sie: „n größer oder gleich 10 und kleiner als 100"
Den senkrechten Strich $\mid$ liest man als „für die gilt".
So liest man: „M_3 ist die Menge der Zahlen n, für die gilt: n ist eine natürliche Zahl mit $10 \leqq n < 100$."

2. Operationen mit Mengen

Man kann mit Mengen rechnen; das heißt, man kann zwei oder mehr Mengen durch geeignete Operationen miteinander verknüpfen.

a) Der Durchschnitt[1]) von Mengen

> *Die Gesamtheit derjenigen Elemente, die zwei gegebenen Mengen M und N zugleich angehören, heißt der D u r c h s c h n i t t der gegebenen Mengen.*

Man schreibt dafür

$$M \cap N$$

und liest „Durchschnitt von M und N" oder „M geschnitten mit N". Der Durchschnitt zweier Mengen besteht also aus den Elementen, die sowohl der Menge M als auch der Menge N angehören.

B e i s p i e l e :

$$M = \{2, 4, 6, 8, 10\}$$
$$N = \{5, 8, 11, 14\}$$
$$M \cap N = \{2, 4, 6, 8, 10\} \cap \{5, 8, 11, 14\} = \{8\}$$

Man kann auch den Durchschnitt von drei oder mehr Mengen bilden:

$$\{a, b, c, d, e, f\} \cap \{a, c, e, g, i\} \cap \{e, c, h, o\} = \{e, c\}$$

Die Elemente der Mengen können auch aus Zahlenpaaren (x;y) bestehen:

$$\{(3;4), (3;5), (3;6)\} \cap \{(1;5), (2;5), (3;5), (4;5)\} = \{(3;5)\}$$
$$\{(1;1), (2;2), (3;3), (4;4), (5;5)\}$$
$$\cap \{(0;5), (1;4), (2;3), (3;2), (4;1), (5;0)\} = \phi$$

Der Durchschnitt dieser beiden Mengen ist l e e r , denn es existiert darin kein Zahlenpaar, das sowohl in der einen als auch in der anderen Menge vorkommt.

b) Die Vereinigung von Mengen

> *Die Gesamtheit der Elemente, die entweder der Menge M oder der Menge N oder beiden zugleich angehören, heißt die V e r e i n i - g u n g s m e n g e d e r b e i d e n M e n g e n .*

Man schreibt

$$M \cup N$$

und liest „M vereinigt mit N".

---

[1]) Die von Cantor für diese Operation gewählte Bezeichnung „Durchschnitt" hat mit dem üblichen Gebrauch des Wortes für eine rechnerische Mittelwertbildung nichts zu tun.

Beispiel:

M ∪ N = {2, 4, 6, 8, 10} ∪ {5, 8, 11, 14} = {2, 4, 5, 6, 8, 10, 11, 14}

{a, b, c, d, e, f} ∪ {a, c, e, g, i} ∪ {e, c, h, o} = {a, b, c, d, e, f, g, h, i, o}

Man kann diese Begriffe an einem sogenannten E u l e r - D i a g r a m m veranschaulichen.

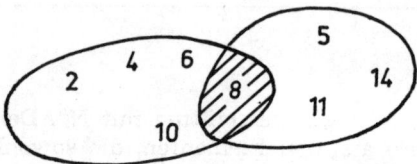 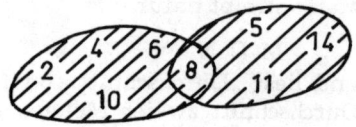

Fig. 1: Der Durchschnitt der   Fig. 2: Die Vereinigungsmenge
Mengen M und N   der Mengen M und N

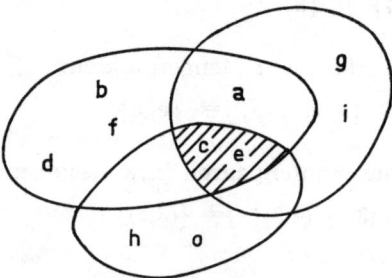 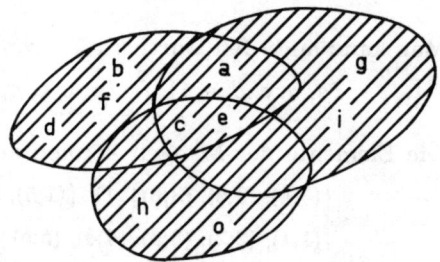

Fig. 3: Der Durchschnitt der   Fig. 4: Die Vereinigungsmenge
Mengen M, N und P   der Mengen M, N und P

3. Erfüllungsmengen von Gleichungen und Ungleichungen

a) Regeln für das Umformen von Gleichungen und Ungleichungen

Für den Umgang mit G l e i c h u n g e n gilt allgemein das Gesetz, daß man beide Seiten einer Gleichung allen Rechenoperationen unterwerfen kann, ohne die Gleichheit zu stören; es ist nur darauf zu achten, daß man beiderseits das gleiche tut. So kann man auf beiden Seiten die gleiche Zahl addieren oder subtrahieren, man kann beide Seiten mit der gleichen Zahl multiplizieren oder durch die gleiche Zahl dividieren. Man kann auch beide Seiten potenzieren, radizieren oder logarithmieren, womit man allerdings das Gebiet der linearen Algebra verläßt.

Es gilt also für Gleichungen ohne jede Einschränkung:

B e i s p i e l :

Wenn a = b ist, dann ist auch a+c = b+c und a—c = b—c	$x - 3 = 7$ $x - 3 + 3 = 7 + 3$[1]) $x = 10$	$3x + 4 = 10$ $3x = 6$ indem man beiderseits 4 subtrahiert
und es ist a · c = b · c und $\frac{a}{c} = \frac{b}{c}$	$\frac{x}{2} = 4$ $x = 8$	$3x = 6$ $x = 2$
	indem man beiderseits	
	mit 2 multipliziert	durch 3 dividiert

Für U n g l e i c h u n g e n gelten die gleichen Umformungsregeln wie für Gleichungen mit einer wichtigen Ausnahme: Multipliziert man die beiden Seiten einer Ungleichung mit einer negativen Zahl oder dividiert man sie durch eine negative Zahl, dann muß das Ungleichheitszeichen umgekehrt werden.

Ist also a < b, gelesen als „a kleiner b" oder
                     als „b größer a",

dann ist auch

a+c < b+c und a—c < b—c	$12 < 16$ $12 + 4 < 16 + 4$ $12 - 4 < 16 - 4$	$x - 3 < 7$ $x - 3 + 3 < 7 + 3$ $x < 10$ und $3x + 4 < 10$ $3x + 4 - 4 < 10 - 4$ $3x < 6$

Wenn c > 0, also positiv ist,
dann ist auch

a · c < b · c und $\frac{a}{c} < \frac{b}{c}$	$12 · 4 < 16 · 4$ $\frac{12}{4} < \frac{16}{4}$	$\frac{x}{2} < 4$ $x < 8$ $3x < 6$ $x < 2$

---

[1]) Die oft noch gebrauchte Ausdrucksweise, daß man eine Zahl „mit umgekehrtem Vorzeichen auf die andere Seite der Gleichung schafft", sollte als sinnlose Aussage vermieden werden. Sie läßt sich auf Ungleichungen keinesfalls übertragen.

Wenn $c < 0$, also negativ ist,

dann ist dagegen

$a \cdot c > b \cdot c$	$12\,(-4) > 16 \cdot (-4)$	$4-3x > 10$
und $\dfrac{a}{c} > \dfrac{b}{c}$	$\dfrac{12}{-4} > \dfrac{16}{-4}$	$-3x > 6$
		$x < -2$

Es wurde oben gesagt, daß bei der Multiplikation einer Ungleichung mit einer **n e g a t i v e n** Zahl das Ungleichheitszeichen umgedreht werden muß. Diese Rechenvorschrift ist nicht ohne weiteres einzusehen. Sie läßt sich aber mit folgendem Gedankengang an der Zahlengeraden beweisen:

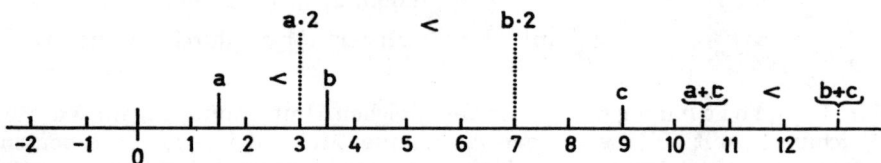

Addiert man in einer Ungleichung beiderseits eine Zahl c, dann erfährt ihr Bild auf der Zahlengeraden eine Verschiebung um die Strecke c; man sagt dann auch, das Bild der Ungleichung wird einer kongruenten Abbildung unterworfen. Die Ungleichung bleibt also bei beiderseitiger Addition oder Subtraktion einer Zahl unverändert.

Multipliziert man eine Ungleichung beiderseits mit einer **p o s i t i v e n** Zahl m, dann erfährt sie eine Streckung um den Faktor m; ihr Bild wird einer Ähnlichkeitsabbildung unterworfen. Der Sinn (Richtung) des Ungleichheitszeichens bleibt dabei erhalten.

Die Multiplikation mit der **n e g a t i v e n** Zahl (—m) läßt sich in zwei Schritte zerlegen:

      in die Multiplikation mit der Zahl (—1)

      und in die anschließende Multiplikation mit der Zahl m.

also: 1. Schritt: $a \cdot (-1) = -\,a$

           2. Schritt: $(-a) \cdot m = -(a \cdot m)$

Nun führt die Multiplikation einer Zahl a mit —1 zu einer Zahl (—a), deren Bild auf dem Zahlenstrahl spiegelbildlich zur ursprünglichen Zahl in Bezug auf die Null liegt.

Die Multiplikation mit —1 bewirkt sowohl für eine Zahl als auch für eine Ungleichheitsrelation eine Spiegelung an der Null.

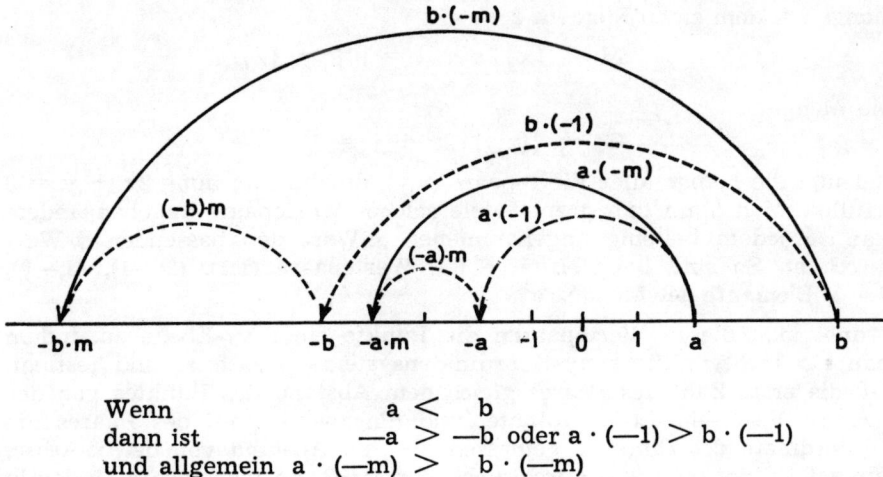

Wenn $\qquad a < b$

dann ist $\qquad -a > -b$ oder $a \cdot (-1) > b \cdot (-1)$

und allgemein $a \cdot (-m) > b \cdot (-m)$

Die Multiplikation mit einer **b e l i e b i g e n n e g a t i v e n** Zahl bewirkt also

und

1. eine Spiegelung an der Null

2. eine Streckung.

Das Bild einer beiderseits mit einer beliebigen negativen Zahl multipli-
zierten Ungleichungsrelation ist dann ein der Ausgangsrelation ähnliches,
an der Null gespiegeltes Bild.

Auf der Zahlengeraden ist im positiven Bereich eine Zahl b, die weiter
von der Null entfernt liegt als eine Zahl a, **g r ö ß e r** als a; im negativen
Bereich ist dagegen eine Zahl (—b), die weiter von der Null entfernt liegt
als eine Zahl (—a), **k l e i n e r** als (—a). So bewirkt dann das Minus-
zeichen bei der Multiplikation einer Ungleichungsrelation, daß die Relation
eine Umkehrung erfährt. Das bedeutet, daß im Rechenverfahren das
Ungleichheitszeichen umgekehrt werden muß.

Es gilt also:

wenn $a < b$, dann ist

$a \cdot (-m) > b \cdot (-m)$

Das sollte bewiesen werden.

b) Erfüllungsmengen von Gleichungen

$$M = \{x \mid 3x + 4 = 10\}$$

bedeutet die Menge der x-Werte, die die Gleichung

$$3x + 4 = 10$$

erfüllen. Die Umformung der Gleichung liefert

$$x = 2$$

11

Da die Gleichung nur von dem einen x-Wert erfüllt wird, besteht die Menge aus dem einen Element 2, so gilt

$$M = \{x \mid 3x + 4 = 10\} = \{2\}.$$

Die Menge

$$G_1 = \{(x;y) \mid 2x + y = 3\}$$

bedeutet die Menge aller Wertepaare (x;y), die die Gleichung $2x + y = 3$ erfüllen. Man kann unbegrenzt viele solcher Wertepaare angeben, indem man zu jedem beliebig angenommenen x-Wert den passenden y-Wert berechnet. So sind beispielsweise die Wertepaare (1;1), (2;—1), (3;—3), (4;—5) Elemente der Menge.

Ordnet man diesen Wertepaaren die Punkte einer xy-Ebene zu, indem man ein rechtwinkliges xy-Koordinatensystem einzeichnet und festlegt, daß die erste Zahl des Paares gleich dem Abstand des Punktes von der y-Achse, also seine x-Koordinate, und die zweite Zahl des Paares die y-Koordinate des Punktes, gemessen als sein Abstand von der x-Achse, sein soll, bildet man also durch diese Vorschrift die Wertepaare eindeutig auf eine Ebene ab, dann erkennt man, daß die den oben angeführten Wertepaaren entsprechenden Punkte auf einer Geraden liegen (s. Fig. 7).

Liest man die obige Menge als die Menge der Punkte, deren Koordinaten die Gleichung $2x + y = 3$ erfüllen, dann kann man sagen, daß die betrachtete Menge geometrisch durch eine Gerade dargestellt wird. Man spricht daher von der Geraden

$$G = \{(x;y) \mid 2x + y = 3\}.$$

Allgemein kann man sagen:

$$G = \{(x;y) \mid ax + by = c\}$$

bedeutet die Menge der Wertepaare (x;y), die die Gleichung

$$ax + by = c \text{ erfüllen.}$$

Geometrisch läßt sich G als die Menge der Punkte der xy-Ebene lesen, deren Koordinaten (x;y) die Gleichung $ax + by = c$ erfüllen. Diese Punkte liegen auf einer Geraden G. In der analytischen Geometrie spricht man kurz von der Geraden $ax + by = c$.

c) Erfüllungsmengen von Ungleichungen und ihre graphische Darstellung

$$M = \{x \mid 2x + 3 > 11\}$$

bedeutet die Menge der x-Werte, die die Ungleichung

$$2x + 3 > 11 \text{ erfüllen.}$$

Die Umformung der Ungleichung führt zu

$$x > 4$$

und man erkennt so, daß jeder x-Wert, der größer als 4 ist, zur obigen Menge gehört. Man kann also schreiben:

$$M = \{x \mid 2x + 3 > 11\} = \{x \mid x > 4\}$$

Man kann ein Bild dieser Menge gewinnen, indem man sie auf einer Zahlengeraden darstellt:

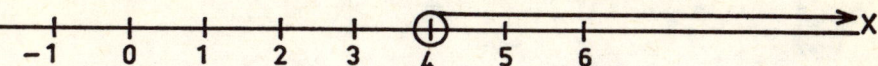

Den zur Zahlengeraden vom Punkt 4 aus nach rechts gezeichneten Strahl nennt man den **G r a p h   d e r   M e n g e**. Der innen leere Kreis um den Punkt 4 zeigt an, daß die Zahl 4 nicht zur Menge gehört.

In der Menge

$$M = \{x \mid 2x + 3 \leq 11\}$$

ist in der Ungleichung das Gleichheitszeichen mit zugelassen. Man liest sie „$2x + 3$ kleiner oder gleich 11". Die Umformung liefert

$$x \leq 4.$$

Also gilt

$$M = \{x \mid 2x + 3 \leq 11\} = \{x \mid x \leq 4\}.$$

Die Menge besteht also aus den x-Werten, die kleiner oder gleich 4 sind. Ihr **G r a p h**

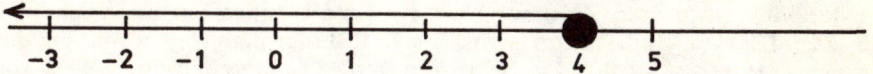

besteht aus einem Strahl, der von dem Punkt 4 aus nach links verläuft; der Kreis ist ausgefüllt gezeichnet, um anzudeuten, daß die Zahl 4 mit zur Menge gehört.

Die Menge

$$H_1 = \{(x;y) \mid 2x + y < 3\}$$

bedeutet die Menge der Wertepaare (x;y), die die Ungleichung

$$2x + y < 3 \text{ erfüllen (siehe Fig. 5).}$$

Man kann beliebig viele Wertepaare finden, die diese Ungleichung erfüllen. Bildet man diese Wertepaare in der xy-Ebene ab und markiert man durch kleine Kreise Wertepaare, für die $2x + y > 3$ wird, dann erkennt man, daß sich die kreisförmig markierten Punkte auf einer Hälfte der Ebene und die zur Ungleichung $2x + y < 3$ gehörenden Punkte auf der anderen Hälfte der Ebene abbilden. Die Trennung erfolgt durch die Punkte, deren Koordinaten die Gleichung $2x + y = 3$ erfüllen. Die zu dieser Gleichung gehörende Gerade teilt so die Ebene in zwei Halbebenen. Die links von der Geraden gelegene Halbebene ist der Graph der Menge H_1, denn die Koordinaten der dort liegenden Punkte erfüllen die Ungleichung in H_1. So kann man sagen, daß die Ungleichung $2x + y < 3$ in der xy-Ebene als Halbebene dargestellt wird, die durch die „Randgerade" $2x + y = 3$ begrenzt wird.

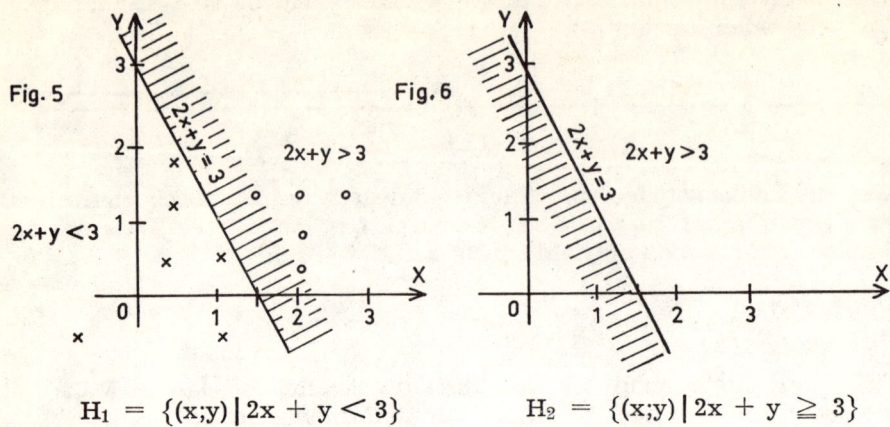

$$H_1 = \{(x;y) \mid 2x + y < 3\} \qquad H_2 = \{(x;y) \mid 2x + y \geq 3\}$$

Die Ungleichung

$$2x + y \geq 3$$

wird durch die rechts von der Geraden und durch die auf der Geraden liegenden Punkte der xy-Ebene dargestellt. Da das Gleichheitszeichen zugelassen ist, gehören auch die Punkte der Geraden zur Erfüllungsmenge der Ungleichung (siehe Fig. 6).

In der hier gewählten Zeichnungsart sollen die Schraffen anzeigen, daß die schraffierten Halbebenen nicht zur Erfüllungsmenge gehören. In der linken Zeichnung sitzen die Schraffen auf der Geraden auf, weil die Punkte der Geraden in diesem Fall nicht zur Erfüllungsmenge gehören. In der rechten Zeichnung gehören die Punkte der Geraden mit zur Erfüllungsmenge; deshalb sind dort die Schraffen nicht aufsitzend gezeichnet. In den kommenden Zeichnungen werden die Schraffen meist nur noch angedeutet:

———————————————— oder ———————————————
          ////   ////

Allgemein kann man sagen, daß jede Ungleichung der Form

$$ax + by < c$$

in der xy-Ebene durch eine Halbebene darstellbar ist, die durch die Gerade

$$ax + by = c$$

begrenzt wird. Diese Gerade bezeichnet man als die R a n d g e r a d e d e r H a l b e b e n e.

Da man beim Programmieren sehr häufig die zu linearen Ungleichungen gehörenden Halbebenen ermitteln muß, sollen hier kurz einige Hinweise gegeben werden, wie man diese Aufgabe am bequemsten und sichersten bewerkstelligen kann. Man findet die begrenzende Randgerade am schnellsten, indem man ihre Schnittpunkte mit den Achsen feststellt. Der Schnittpunkt mit der y-Achse ergibt sich, wenn man in der Gleichung der Randgeraden x = 0 setzt; entsprechend findet man für y = 0 den Schnittpunkt mit der x-Achse. Hat man dann die Gerade eingezeichnet, dann probt man mit den Koordinaten des Koordinatenanfangspunktes, ob sie die Ungleichung erfüllen oder nicht, ob also die Halbebene, in der der Punkt (0;0) liegt, zur Menge gehört oder nicht.

Im obigen Beispiel $2x + y < 3$ liefert die Gleichung der Randgeraden $2x + y = 3$ für $x = 0$ den Wert $y = +3$ und für $y = 0$ den Wert $x = 1,5$. Die Gerade geht also durch die Punkte (0;3) und (1,5;0). Die Halbebene, in der der Koordinatenanfangspunkt liegt, gehört zur Erfüllungsmenge, da die Ungleichung $2x + y < 3$ durch die Werte $x = 0$ und $y = 0$ erfüllt wird.

4. Die Erfüllungsmenge von Gleichungs- und Ungleichungssystemen als Durchschnitt der Erfüllungsmengen der einzelnen Gleichungen und Ungleichungen

a) Systeme von linearen Gleichungen mit zwei Variablen

Die beiden Gleichungen

$$\text{I} : 2x + y = 3$$
und $$\text{II} : x - 2y = 4$$

kann man als Bestimmungsgleichungen für die beiden Unbekannten x und y auffassen. Man kann sie dann nach einer der im nächsten Kapitel dargestellten Methoden auflösen und erhält als Lösung die Werte

$$x = 2 \text{ und } y = -1.$$

Das Wertepaar (2;—1) erfüllt beide Gleichungen.

In der geometrischen Darstellung ergibt sich der Punkt (2;—1) als Schnittpunkt der beiden Geraden, die den gegebenen Gleichungen zugeordnet sind.

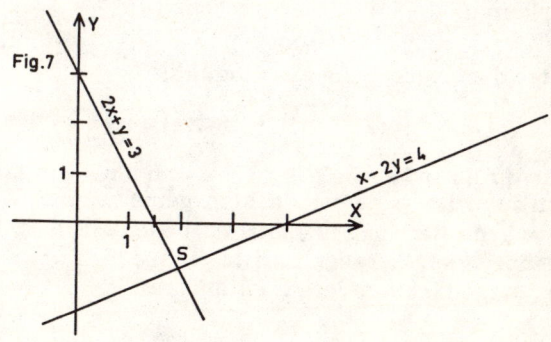

Fig.7

Es ergibt sich also rechnerisch und zeichnerisch:

$$\{(x;y) \mid 2x + y = 3\} \cap \{(x;y) \mid x - 2y = 4\} = \{(2;-1)\}.$$

Diese in der Symbolik der Mengenlehre geschriebene Gleichung bringt sowohl einen zahlenmäßigen als auch einen geometrischen Tatbestand zum Ausdruck; sie ist damit ein typisches Beispiel für die Aussagekraft der Begriffe der Mengentheorie.

Sie besagt z a h l e n m ä ß i g : Der Durchschnitt der Erfüllungsmengen der beiden Gleichungen ist das Wertepaar (2;—1). Dieses Wertepaar stellt die Erfüllungsmenge[2]) des Gleichungssystems dar.

Sie besagt g e o m e t r i s c h : Der Durchschnitt der Punkte, deren Koordinaten die Gleichung I erfüllen, und der Punkte, deren Koordinaten die Gleichung II erfüllen, ist der Schnittpunkt (2;—1) der beiden Geraden. Seine Koordinaten erfüllen sowohl die Gleichung I als auch die Gleichung II.

Im geometrischen Bereich repräsentiert sich hier der Durch s c h n i t t als ein S c h n i t t punkt.

A l l g e m e i n kann man sagen:

Die Erfüllungsmenge des linearen Gleichungssystems

$$\text{I: } a_1 x + b_1 y = c_1$$
$$\text{II: } a_2 x + b_2 y = c_2$$

besteht aus einem Wertepaar $(x_e; y_e)$, das rechnerisch oder geometrisch gewonnen werden kann. Es existiert immer genau ein solches Wertepaar, wenn — wie später gezeigt wird—

$$\frac{a_1}{b_1} \neq \frac{a_2}{b_2}$$

wenn also der Bruch $\frac{a_1}{b_1}$ nicht gleich dem Bruch $\frac{a_2}{b_2}$ ist. Geometrisch bedeutet diese Bedingung, daß die zu den Gleichungen I und II gehörenden Geraden nicht die gleiche Steigung haben, daß sie also nicht parallel zueinander verlaufen.

Es gilt also unter der angegebenen Bedingung:

$$E = \{(x;y) \mid a_1 x + b_1 y = c_1\} \cap \{(x;y) \mid a_2 x + b_2 y = c_2\} = \{(x_e; y_e)\}.$$

Betrachtet man d r e i o d e r m e h r G l e i c h u n g e n mit zwei Variablen, dann kann man im allgemeinen kein gemeinsames Wertepaar mehr erwarten. Das würde nämlich geometrisch bedeuten, daß die drei zu den Gleichungen gehörenden Geraden sich in e i n e m Punkt schneiden. Das tritt aber nur in ganz besonderen Fällen auf.

---

[2]) Der hier als Erfüllungsmenge bezeichnete Begriff wird oft auch Lösungsmenge genannt, weil man ja auch von der Lösung der beiden Gleichungen spricht. Hier wird aber aus zwei Gründen das Wort Erfüllungsmenge gebraucht, denn erstens kommt darin die Tatsache zum Ausdruck, daß das ermittelte Wertepaar die beiden Gleichungen erfüllt und zweitens läßt sich diese Bezeichnung auch auf Ungleichungssysteme übertragen. Das Wort Lösungsmenge paßt dagegen schlecht dort hin, da man ein Ungleichungssystem nicht „lösen" kann. Vgl. Schmittlein-Kratz, [15].

Man kann aber wohl jeweils zwei Gleichungen miteinander kombinieren und den Schnittpunkt der zugehörigen Geraden bestimmen. Aus drei Gleichungen lassen sich drei Kombinationen bilden. Man erhält so die Koordinaten von drei Schnittpunkten, die in der xy-Ebene ein Dreieck festlegen.

Bei vier Gleichungen lassen sich sechs Kombinationen von je zwei Gleichungen bilden und so die Koordinaten der sechs möglichen Schnittpunkte bestimmen. Kommen dann in Form von Ungleichungen weitere Bedingungen hinzu, dann bilden diese Schnittpunkte oder einige von ihnen meist Vielecke, die beim Programmieren von besonderer Bedeutung sind. Die Festlegung solcher P o l y g o n e durch Ungleichungen soll nun aufgezeigt werden.

b) Systeme linearer Ungleichungen mit zwei Variablen und ihre graphische Darstellung

Die bei den Gleichungssystemen entwickelte Gedankenführung und Symbolik soll nun auf die Bestimmung der Erfüllungsmenge eines Ungleichungssystems übertragen werden. Fragt man nach der Menge der Wertepaare (x;y), die das Ungleichungssystem

$$\text{I} : 2x + y > 3$$
$$\text{und} \quad \text{II} : x - 2y \leqq 4$$

erfüllen, dann lautet die Antwort in der Symbolik der Mengenlehre

$$E = \{(x;y) \mid 2x + y > 3\} \cap \{(x;y) \mid x - 2y \leqq 4\}.$$

Eine rechnerische Bestimmung dieses Durchschnitts ist nicht möglich, da man Ungleichungssysteme nicht mit ähnlichen Methoden wie Gleichungssysteme auflösen kann. Dagegen gelingt eine geometrische Veranschaulichung (siehe Fig. 8), indem man die zu den einzelnen Ungleichungen gehörenden Halbebenen bestimmt.

Das nicht schraffierte Winkelfeld mit dem Scheitel S_1 stellt die Erfüllungsmenge des Systems der beiden gegebenen Ungleichungen dar. Die Punkte der Randgeraden I gehören nicht zur Erfüllungsmenge, während die Punkte der Randgeraden II dazu gehören, weil in der Ungleichung II das Gleichheitszeichen zugelassen ist.

Nimmt man zu den beiden Ungleichungen als dritte Ungleichung

$$\text{III} : y < 2$$

hinzu, dann stellt das Dreieck $S_1S_2S_3$ die Erfüllungsmenge des Systems der drei Ungleichungen dar. Die Punkte der Seite S_1S_3 gehören dabei nicht zur Erfüllungsmenge.

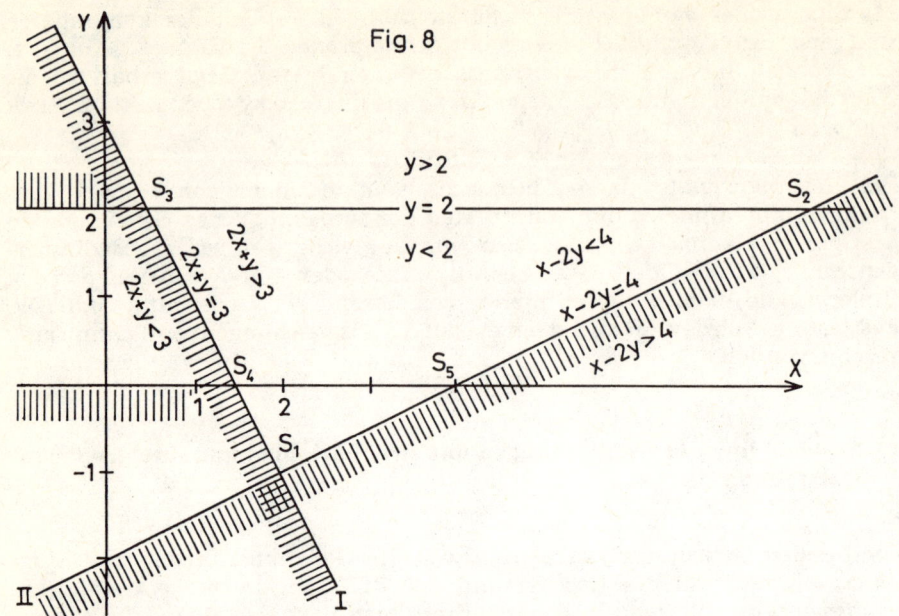

Fig. 8

Es können noch weitere Ungleichungen hinzutreten. Bei der Linearplanung in der Wirtschaftspraxis gilt immer die Ungleichung

$$y \geqq 0,$$

da dort negative Werte sinnlos sind. Nimmt man diese Bedingung zu den bis hierhin betrachteten drei Ungleichungen hinzu, dann wird die Erfüllungsmenge des neuen Systems durch das Polygon $S_2 S_3 S_4 S_5$ dargestellt.

Allgemein kann man sagen, daß ein Ungleichungssystem der Art

$$\text{I: } a_1 x + b_1 y \leqq c_1$$
$$\text{II: } a_2 x + b_2 y \leqq c_2$$

in der xy-Ebene ein Winkelfeld festlegt.

Am obigen Beispiel ist gezeigt worden, wie durch weitere Ungleichungen Begrenzungen dieses Winkelfeldes eintreten können, so daß man es dann meist mit g e s c h l o s s e n e n P o l y g o n e n zu tun hat.

c) Übungsbeispiele

Stellen Sie die Erfüllungsmenge folgender Ungleichungssysteme graphisch dar:

a) $2x + 3y \leqq 6$
    $2x - 3y > 6$

b) $5x + 3y \leqq 15$
    $5x - 3y \geqq 15$

c) $-2x + y \leqq 2$
    $3x + 4y \leqq 12$
    $3x - 6y \leqq 6$

d) $2x + y > 1$
    $x - y < 1$
    $x - 2y > -4$

e) $x + 5y \leq 10$
   $3x - 5y < 15$
   $4x + 5y < 20$
  $-5x + 2y \leq 10$
   $2x + 3y \geq -6$

f) $x + 5y > 10$
  $-5x + 2y < 10$
   $3x - 5y \leq 15$
   $x + y \leq 12$
   $4x + 5y \geq 20$

g) Gegeben sind die Zahlenpaare (1;4), (2;1,5), (5;—2) und (0,5;3).

Welche von ihnen sind Elemente von

$$E = \{(x;y) \mid 2x - y < 10\} \cap \{(x;y) \mid 3x + 4y \geq 12\}$$
$$\cap \{(x;y) \mid 6x + y > 6\}?$$

Lösen Sie diese Aufgabe, indem Sie auf

1. graphischem Wege die Erfüllungsmenge darstellen und in der Zeichnung prüfen, ob die Punkte, die zu den angegebenen Wertepaaren gehören, in dem nach oben offenen Polygon liegen, das die Erfüllungsmenge E darstellt,

2. rechnerischem Wege durch Probieren feststellen, welche Wertepaare alle drei Ungleichungen erfüllen.

L ö s u n g : die Wertepaare (1;4) und (2;1,5) sind Elemente der Erfüllungsmenge des Durchschnitts der drei Mengen.

II. Die Lösung von Gleichungen und Gleichungssystemen

1. Rechnerische Lösung von linearen, quadratischen und kubischen [1]) Bestimmungsgleichungen mit einer Unbekannten

Beispiele für Bestimmungsgleichungen:

   a) $3x + 15 = 27$,   b) $x^2 + 4x = 12$,   c) $x^3 - 5x^2 - 9x = -45$.

Es sind Gleichungen, die durch einen oder mehrere, ganz bestimmte x-Werte erfüllt werden. Diese Werte sind durch geeignete Verfahren bestimmbar. Man nennt sie die Lösungen der Gleichungen.

a) Die lineare Gleichung

Aus $3x + 15 = 27$ folgt $3x = 12$ und daraus $x = 4$ als Lösung. In der Sprache der Mengenlehre kann man schreiben:

$$E = \{x \mid 3x + 15 = 27\} = \{4\}.$$

b) Die quadratische Gleichung

Hat man die reinquadratische Gleichung $x^2 = 36$ zu lösen, dann kann man sofort erkennen, daß $x = \pm 6$ ist, denn sowohl $(+6)^2$ als auch $(-6)^2$ ergibt 36. In der Symbolik der Mengenlehre gilt also:

$$E = \{x \mid x^2 = 36\} = \{+6, -6\}.$$

---

[1]) Die Punkte II/1 und II/2 können übergangen werden. Die Lösung quadratischer und kubischer Gleichungen wird hier bereitgestellt für Fälle, in denen die Zielfunktion nicht linear ist. Die Behandlung nichtlinearer Optimierungsprobleme erfolgt in Fay, [8].

Als Lösungen der Gleichung $x^2 = 40$ erhält man $x = \pm \sqrt{40}$, indem man beiderseits die Wurzel zieht. Unter $\sqrt{40}$ versteht man dann die Zahl, die mit sich selbst multipliziert 40 ergibt.

In dem Beispiel $x^2 + 4x = 12$ muß auf der linken Seite der Gleichung ein vollständiges Quadrat hergestellt werden, damit man daraus die Wurzel ziehen kann. Man ermittelt die zugehörige „quadratische Ergänzung" — das Quadrat des halben Faktors von x — und addiert es beiderseits:

$$x^2 + 4x = 12$$
$$x^2 + 4x + 4 = 12 + 4$$
$$(x + 2)^2 = 16$$
$$x + 2 = \pm 4$$
$$x = -2 \pm 4$$
$$x_1 = -2 + 4 = 2$$
$$x_2 = -2 - 4 = -6$$

Diese beiden Werte erfüllen die gegebene Gleichung, so daß man auch schreiben kann:

$$E = \{x \mid x^2 + 4x = 12\} = \{2, -6\}.$$

Die Lösung der allgemeinen quadratischen Gleichung erfolgt genauso:

$$x^2 + ax = b$$

$$x^2 + ax + \left(\frac{a}{2}\right)^2 = b + \left(\frac{a}{2}\right)^2$$

$$\left(x + \frac{a}{2}\right)^2 = b + \left(\frac{a}{2}\right)^2$$

$$x + \frac{a}{2} = \pm \sqrt{b + \left(\frac{a}{2}\right)^2}$$

$$x_1 = -\frac{a}{2} + \sqrt{b + \left(\frac{a}{2}\right)^2}$$

$$x_2 = -\frac{a}{2} - \sqrt{b + \left(\frac{a}{2}\right)^2}$$

c) Die kubische Gleichung

Die rechnerische Lösung der kubischen Gleichung erfordert einen komplizierten Aufwand, wenn man nicht durch Probieren eventuell vorhandene ganzzahlige Lösungen finden kann. Man bevorzugt daher in diesem Fall das nachfolgend dargestellte graphische Verfahren, welches aber nur angenäherte Werte abzulesen gestattet. Diese lassen sich dann durch geeignete Methoden auf jede gewünschte Genauigkeit verbessern.

2. Graphische Lösung von Gleichungen mit Hilfe von Funktionen und Kurven

Aus den oben angegebenen Bestimmungsgleichungen lassen sich Funktionsgleichungen bilden, indem man sie in die Nullform bringt und dann an die Stelle der Null den Buchstaben y setzt.

a) Aus $3x + 15 = 27$ folgt $3x - 12 = 0$;
   man setzt nun $3x - 12 = y$ oder $y = 3x - 12$.

b) Aus $x^2 + 4x = 12$ folgt $x^2 + 4x - 12 = 0$;
   man setzt $x^2 + 4x - 12 = y$ oder $y = x^2 + 4x - 12$.

c) Aus $x^3 - 5x^2 - 9x = -45$ folgt $x^3 - 5x^2 - 9x + 45 = 0$;
   man setzt entsprechend $y = x^3 - 5x^2 - 9x + 45$.

Mit diesem Vorgehen hat man aus linearen, quadratischen und kubischen Gleichungen jeweils eine lineare, quadratische und kubische Funktion gewonnen.

Zur Festlegung des Funktionsbegriffs kann man allgemein sagen: y ist eine Funktion von x — kurz geschrieben: $y = f(x)$ —, wenn jedem Wert der unabhängigen Veränderlichen x ein Wert der abhängigen Veränderlichen y zugeordnet ist.

In der Sprache der Mengenlehre kann man sagen:

> *Wird jedem Element x aus einer bestimmten Menge reeller Zahlen in eindeutiger Weise ein reeller Zahlenwert y zugeordnet, dann nennt man diese Zuordnung eine reelle Funktion von x.*

Die Gesamtheit aller durch eine Funktion einander zugeordneten Wertepaare (x;y) nennt man die Erfüllungsmenge der Funktionsgleichung.

Zeichnerische Bestimmung der Lösungen

Stellt man eine Funktion graphisch dar, indem man eine geeignete Wertetabelle aufstellt und die so erhaltenen Wertepaare in ein xy-Koordinatensystem einträgt, dann erhält man das Bild der Funktion, ihre Kurve oder ihren Graph.

a) Die aus der Bestimmungsgleichung $3x + 15 = 27$ gewonnene Funktion $y = 3x - 12$ liefert in der graphischen Darstellung eine Gerade, welche die x-Achse an der Stelle 4 schneidet. So sieht man, daß die Funktion an dieser Stelle den Wert Null annimmt. Damit erfüllt der Wert $x = 4$ die Gleichung $3x - 12 = 0$ und damit auch die Ausgangsgleichung $3x + 15 = 27$.

Damit ist der Weg gewiesen, wie Bestimmungsgleichungen graphisch gelöst werden können: Man bringt sie auf die Nullform, setzt den so erhaltenen Ausdruck gleich y und erhält so eine Funktion, die man graphisch darstellen kann. Die x-Werte der Schnittpunkte der zugehörigen

Kurven mit der x-Achse sind dann die Lösungen der ursprünglichen Bestimmungsgleichungen (Fig. 9).

b) die quadratische Parabel schneidet die x-Achse in den Stellen —6 und 2. Die Funktion $y = x^2 + 4x - 12$ hat also an diesen Stellen den Wert Null. Daher ist für diese Werte $x^2 + 4x - 12 = 0$ und damit auch die ursprüngliche Bestimmungsgleichung erfüllt. So liefert die graphische Darstellung die Lösungen $x_1 = 2$ und $x_2 = -6$ für die Bestimmungsgleichung $x^2 + 4x = 12$ (Fig. 10).

c) Auf die gleiche Art liest man in der graphischen Darstellung c) die Lösungen für die kubische Gleichung $x^3 - 5x^2 - 9x = -45$ ab (Fig. 11).

Graphische Darstellung der Funktionen:

a)   b)   c)

$y = 3x - 12$ $y = x^2 + 4x - 12$ $y = x^3 - 5x^2 - 9x + 45$

Wertetafel:

x	0	1	2
y	—12	—9	—6

x	3	4
y	—3	0

x	—7	—6	—5	—4	—3
y	9	0	—7	—12	—15

x	—2	—1	0	1	2
y	—16	—15	—12	—7	0

x	—4	—3	—2	—1	0
y	—63	0	35	48	45

x	1	2	3	4	5	6
y	32	15	0	—7	0	27

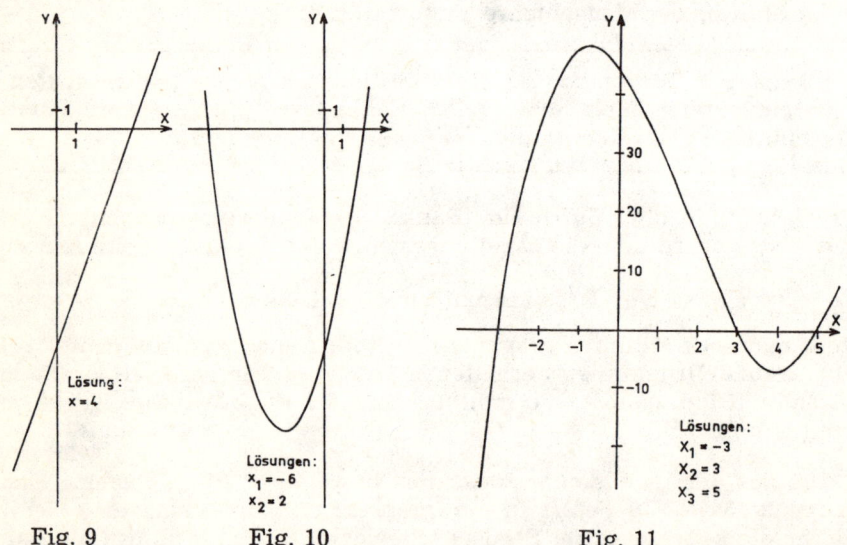

Fig. 9   Fig. 10   Fig. 11

3. Die Gleichung und die Steigung der Geraden

Beispiel:

Durch die Gleichung $4x - 2y = 8$ sind unendlich viele Wertepaare (x;y), die diese Gleichung erfüllen, festgelegt. Zu jedem beliebig gewählten Wert von x kann der zugehörige y-Wert errechnet werden.

Umgekehrt ergibt sich für jeden beliebig gewählten y-Wert ein ganz bestimmter x-Wert. Wählt man etwa x = 3, dann muß y = 2 sein; zu y = 6 gehört x = 5. So erfüllen beispielsweise die Wertepaare (3;2) und (5;6) die Gleichung. Trägt man derartig berechnete Wertepaare in ein xy-Koordinatensystem ein, dann sieht man, daß alle Punkte, die diesen Wertepaaren entsprechen, auf einer geraden Linie — auf einer Geraden — liegen.

Daß das so sein muß, wird deutlich, wenn man die Gleichung 4x — 2y = 8 in die ihr äquivalente, explizite Form y = 2x — 4 bringt.

Sie läßt erkennen, daß y jeweils um 2 Einheiten wächst, wenn der x-Wert um eine Einheit zunimmt. Diese Zunahme wird durch den Faktor 2 verursacht, der bei der Veränderlichen x steht. Daher nennt man ihn den S t e i g u n g s f a k t o r dieser Geraden, da ihre y-Werte um 2 Einheiten ansteigen, wenn der x-Wert um eine Einheit zunimmt.

Die graphische Darstellung der Funktion y = 2x — 4 zeigt den gleichen Sachverhalt. Man sagt, daß die Gerade y=2x—4 die S t e i g u n g 2 hat.

Die Steigung einer Geraden, die ja überall gleich ist, kann zwischen zwei beliebigen Punkten als Verhältnis der Differenz der y-Werte zweier Punkte zur Differenz ihrer x-Werte ermittelt werden.

In der Zeichnung (siehe Fig. 12) findet man die Steigung im Dreieck ABP_1 oder im Dreieck ACP_2 oder im Dreieck P_1DP_2 mit $\frac{2}{1}$ oder $\frac{6}{3}$ oder $\frac{4}{2}$ (= 2).

Allgemein ergibt sich die Steigung der Geraden, die durch die Punkte P_1 ($x_1;y_1$) und P_2 ($x_2;y_2$) geht, mit

$$m = \frac{y_2 - y_1}{x_2 - x_1} = \frac{\Delta y}{\Delta x}.$$

Unter Verwendung der Tangensfunktion sagt man:

> *Die Steigung einer Geraden ist gleich dem Tangens des Winkels α, den sie mit der positiven Richtung der x-Achse bildet.*

Im Dreieck P_1P_2D ist $\tan \alpha = \dfrac{\Delta y}{\Delta x}$, da die Tangensfunktion in einem rechtwinkligen Dreieck als das Verhältnis von Gegenkathete zu Ankathete definiert ist. In dem rechtwinkligen Dreieck P_1P_2D liegt die Kathete $P_2D = \Delta y$ dem Winkel α gegenüber; die Kathete $P_1D = \Delta x$ ist die „Ankathete des Winkels α".

Der Gleichung y = 2x — 4 kann man weiter entnehmen, daß die Gerade auf der y-Achse den Abschnitt —4 abschneiden muß, denn setzt man darin x = 0, dann wird y = —4. Gleichung und Zeichnung zeigen, daß eine Gerade durch ihren Abschnitt auf der y-Achse und durch ihre Steigung festgelegt ist.

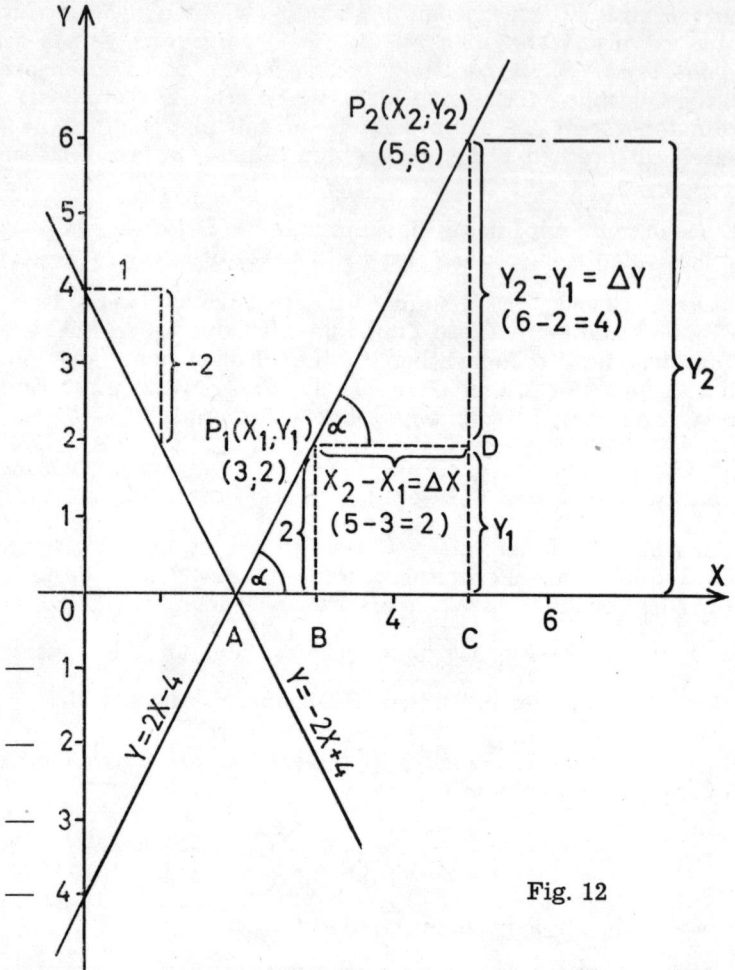

Fig. 12

Betrachtet man die Gleichung $4x + 2y = 8$ und bringt sie auf die Form $y = -2x + 4$, dann kann man ablesen, daß die zugehörige Gerade durch den Punkt 4 der y-Achse gehen muß und die Steigung -2 hat. Wenn man also von ihrem Schnittpunkt mit der y-Achse eine Einheit in der Richtung der x-Achse gegangen ist, dann muß man -2 Einheiten in Richtung der y-Achse, also 2 Einheiten nach unten gehen, um einen zweiten Punkt der Geraden zu erhalten. Die Steigung -2 bedeutet, daß der y-Wert um 2 Einheiten abnimmt, wenn x um eine Einheit zunimmt. Allgemein bedeutet eine negative Steigung ein Fallen, wenn man auf der Geraden in Richtung der positiven x-Achse fortschreitet. Das zeigt anschaulich die graphische Darstellung.

In der „Normalform" $y = mx + n$, auf die man jede lineare Gleichung mit 2 Variablen bringen kann, bedeutet m die Steigung der zugehörigen Geraden und n den Abschnitt, den sie auf der y-Achse abschneidet. Diesen

„Abschnitt auf der y-Achse" findet man auch schnell aus der ursprünglichen Form $4x + 2y = 8$, wenn man darin $x=0$ setzt; es wird dann $y=4$. Den „Abschnitt auf der x-Achse" ermittelt man, indem man $y=0$ setzt, mit $x=2$. Mit Hilfe der so bestimmten Abschnitte kann man eine Gerade besonders schnell zeichnen.

Übungsbeispiele: Bestimmen Sie die Achsenabschnitte und die Steigung der Geraden, die zu den folgenden Gleichungen gehören, und zeichnen Sie die Geraden in ein Koordinatensystem ein:

a) $6x - 2y = 12$ b) $2x - 3y = 6$ c) $5x - 4y - 10 = 0$
d) $6x + 2y = 12$ e) $2x + 5y = 10$ f) $7x + 3y - 9 = 3x$

4. Methoden zur Lösung von zwei Gleichungen mit zwei Unbekannten

Beispiel:

$$I:\ 2x - 3y = 6$$
$$II:\ 5x + 4y = 20$$

Zeichnet man die dem Gleichungssystem entsprechenden Geraden, dann erkennt man, daß sie sich in einem Punkt schneiden, dessen Koordinaten etwa mit $x=3,5$ und $y=0,5$ abgelesen werden können. Durch dieses graphische Verfahren ist es gelungen, in den Grenzen der zeichnerischen Genauigkeit das Wertepaar $(x;y)$ zu bestimmen, welches beide Gleichungen erfüllt. Bei diesem Vorgehen wurden beide Gleichungen als Funktionsgleichungen aufgefaßt.

Betrachtet man sie aber als ein System von Bestimmungsgleichungen, dann kommt es darauf an, das Wertepaar $(x;y)$ zu bestimmen, das beide Gleichungen erfüllt.

Die bekanntesten Wege, auf denen dieses Ziel rechnerisch erreicht werden kann, sollen nun hier aufgezeigt werden. Sie haben den Grundgedanken gemeinsam, daß aus zwei Gleichungen mit zwei Unbekannten eine Gleichung mit einer Unbekannten gewonnen werden muß.

a) Substitutionsmethode:

$$I:\ 2x - 3y = 6$$
$$II:\ 5x + 4y = 20$$

Aus I folgt I a: $\quad x = \dfrac{3}{2}y + 3$

In II eingesetzt: $\quad \dfrac{15}{2}y + 15 + 4y = 20$

$$y = \dfrac{10}{23}$$

In I a eingesetzt: $\quad x = \dfrac{3}{2} \cdot \dfrac{10}{23} + 3 = 3\dfrac{15}{23}$

Das Wertepaar $(3\frac{15}{23} ; \frac{10}{23})$ erfüllt — wie auch die Probe zeigt — beide Gleichungen.

b) A d d i t i o n s m e t h o d e :

$$\begin{array}{llll} \text{I:} & 2x - 3y = 6 & | \cdot 4 \\ \text{II:} & 5x + 4y = 20 & | \cdot 3 \end{array}$$

$$\left.\begin{array}{ll} \text{I a:} & 8x - 12y = 24 \\ \text{II a:} & 15x + 12y = 60 \end{array}\right\} +$$

$$23x = 84$$

$$x = 3\frac{15}{23}$$

Multipliziert man die Gleichung I mit —5 und die Gleichung II mit 2, dann fallen bei der Addition die Glieder mit x heraus:

$$\left.\begin{array}{ll} \text{I b:} & -10x + 15y = -30 \\ \text{II b:} & 10x + 8y = 40 \end{array}\right\} +$$

$$23y = 10$$

$$y = \frac{10}{23}$$

Eine dritte Methode, die D e t e r m i n a n t e n m e t h o d e , stellt eine Schematisierung des Additionsverfahrens dar; sie wird im Kapitel über Determinanten aufgezeigt.

Ü b u n g s b e i s p i e l e : Bestimmen Sie graphisch und rechnerisch (auf beiden Wegen) die Lösungen der Gleichungssysteme:

a) $5x + 4y = 15$
    $3x - 2y = -2$

b) $6x - 9y = 10$
    $3x - 2y = 10$

c) $3x + 7y = 41$
    $5x - 14y = 17$

d) $4x + 9y = 19$
    $3y - x = 11$

e) $27x - 16 = 15x - 5y + 6$
    $19x + 11y = x + 4y + 32$

Prüfen Sie die Richtigkeit der gefundenen Lösung nach, indem Sie die gefundenen Werte in die gegebenen Gleichungen einsetzen.

5. Lineare Gleichungssysteme mit drei und mehr Unbekannten

B e i s p i e l :

$$\text{I: } 5x + y - 2z = 19$$

$$\text{II: } 3x - 2y + 4z = 14$$

$$\text{III: } 2x + 3y - 5z = 7$$

Eine g e o m e t r i s c h e D e u t u n g einer Gleichung mit 3 Variablen ist in der Ebene nicht möglich, da dort jeder Punkt schon durch 2 Koordinaten festgelegt ist. Eine dritte Variable erfordert eine dritte Koordinate, und die gewinnt man, indem man ein räumliches, rechtwinkliges Koordinatensystem, ein xyz-Koordinatensystem im xyz-Raum einführt. Man denkt sich im Koordinatenanfangspunkt eines xy-Systems die Senkrechte auf der xy-Ebene errichtet.

Nimmt man beispielsweise eine Zimmerecke als Koordinatenanfangspunkt an, dann ist die senkrecht nach oben gehende Kante die z-Achse, die eine davon ausgehende Fußbodenkante die x-Achse und die andere Bodenkante die y-Achse; sie möge in der Fensterfläche liegen. Jeder Punkt im Zimmer ist dann durch 3 Koordinaten festgelegt: die z-Koordinate entspricht dem Abstand des Punktes vom Fußboden, die als Länge des Lotes meßbar ist. Die x-Koordinate wird parallel zur x-Achse als Abstand von der Fensterfläche, von der yz-Ebene, gemessen. Die y-Koordinate gibt den Abstand des Punktes von der xz-Ebene an. So könnte also ein Punkt der Zimmerdecke die Koordinaten (2,5; 2; 3,5) haben, während ein Punkt mit den Koordinaten (—4; 3; —7) ein Punkt ist, der 7 m unterhalb des Fußbodens, 4 m von der Fensterwand entfernt vor dem Hause liegt.

Bezogen auf ein solches Koordinatensystem stellt eine Gleichung der Form $ax+by+cz=d$ eine Ebene dar (was hier ohne Beweis angegeben wird). Die der Gleichung I entsprechende Ebene schneidet sich mit der Ebene, die zur Gleichung II gehört, in einer Geraden, wenn nicht beide Ebenen parallel zueinander verlaufen. Die Schnittgerade beider Ebenen schneidet die Ebene III im allgemeinen in einem Punkt. So wird erkennbar, daß durch das oben angegebene Gleichungssystem ein ganz bestimmter Punkt des Raumes festgelegt ist, wenn nicht zwei oder sogar alle drei Ebenen zueinander parallel verlaufen.

Die r e c h n e r i s c h e B e s t i m m u n g der Koordinaten des Schnittpunktes läuft darauf hinaus, das Zahlentripel (x;y;z) zu bestimmen, das alle drei Gleichungen erfüllt. Es sind also die drei Unbekannten des Gleichungssystems zu errechnen.

Um aus drei linearen Gleichungen die drei Unbekannten zu berechnen, bietet sich wieder die Determinantenrechnung an. (Auf diesem Wege wird das vorliegende Beispiel im Abschnitt über Determinanten durchgerechnet.) Hier soll die Lösung mit Hilfe eines Verfahrens gesucht werden, das sich auch auf nichtlineare Gleichungen anwenden läßt. Dabei kommt es darauf an, unter Anwendung der Substitutions- oder der Additionsmethode aus den drei Gleichungen mit drei Unbekannten zwei Gleichungen mit zwei Unbekannten herzustellen. Aus diesen zwei Gleichungen mit zwei Unbekannten ist dann — wie oben dargelegt — eine Gleichung mit einer Unbekannten zu gewinnen.

$$\text{I:} \quad 5x + y - 2z = 19$$
$$\text{II:} \quad 3x - 2y + 4z = 14$$
$$\text{III:} \quad 2x + 3y - 5z = 7$$

27

Aus I folgt I a: $y = 19 + 2z - 5x$

in II und III eingesetzt:

$$\text{II a: } 3x - 2 \cdot (19+2z-5x) + 4z = 14$$
$$\text{III a: } 2x + 3 \cdot (19+2z-5x) - 5z = 7$$

$$\text{II a: } 3x - 38 - 4z + 10x + 4z = 14$$
$$\text{III a: } 2x + 57 + 6z - 15x - 5z = 7$$

$$\text{II a: } \qquad\qquad\qquad 13x = 52$$
$$\text{III a: } \qquad\qquad z - 13x = -50$$

II a + III a $\qquad\qquad\qquad\qquad\qquad z = 2$

aus II a folgt: $\qquad\qquad\qquad\qquad\qquad x = 4$

aus I a ergibt sich: $\qquad\qquad y = 19 + 4 - 20 = 3$

Durch die Werte $x=4$, $y=3$, $z=2$ werden — wie auch durch Probe fest-gestellt werden kann — die drei Gleichungen erfüllt. Damit sind die Unbekannten bestimmt.

Geometrisch bedeutet das, daß die den drei Gleichungen zugeordneten Ebenen sich im Raumpunkt P (4;3;2) schneiden.

In der Sprache der Mengenlehre heißt das, daß die Erfüllungsmenge des gegebenen Gleichungssystems aus dem Zahlentripel (4;3;2) besteht.

Übungsaufgabe:

Lösen Sie obiges Beispiel nach der Additionsmethode, indem Sie Gl. I mit 2 multiplizieren und zur Gl. II addieren. Addieren Sie dann die mit —3 multiplizierte Gl. I zur Gl. II. Sie erhalten so zwei Gleichungen mit zwei Unbekannten.

Nach dem gleichen Prinzip müssen 4 Gleichungen mit vier Unbekannten auf 3 Gleichungen mit 3 Unbekannten zurückgeführt werden. Dieses Prinzip läßt sich unbeschränkt fortsetzen.

III. Einführung in die Determinantenrechnung

1. Schreibweise für lineare Gleichungssysteme mit n Unbekannten

Um zu Aussagen zu gelangen, die sich auf lineare Gleichungssysteme mit beliebig vielen Unbekannten ausdehnen lassen, führt man eine entsprechende Symbolik ein. Statt der bisher für die Unbekannten benutzten Zeichen x, y und z verwendet man die Zeichen x_1, x_2 und x_3 und kann dann für weitere Unbekannte die Zeichen x_4, x_5, ... x_n gebrauchen. Die Koeffizienten der Unbekannten in den Gleichungssystemen werden sämt-lich mit dem Buchstaben a, versehen mit den Doppelindizes rs, bezeichnet. Dabei gibt r die Nummer der Gleichung des Systems an, s dagegen den Index der Unbekannten, bei der a_{rs} als Faktor steht. Die absoluten Glieder werden mit b_1, b_2, b_3, ... b_n benannt. a_{rs} und b_r sind positive oder negative reelle Zahlen. Ein Gleichungssystem aus n linearen Gleichungen mit n Unbekannten wird dann folgendermaßen geschrieben:

$$
\begin{array}{l}
a_{11}x_1 + a_{12}x_2 + a_{13}x_3 + \ldots a_{1n}x_n = b_1 \\
a_{21}x_1 + a_{22}x_2 + a_{23}x_3 + \ldots a_{2n}x_n = b_2 \\
a_{31}x_1 + a_{32}x_2 + \ldots\ldots\ldots a_{3n}x_n = b_3 \\
\vdots \\
a_{n1}x_1 + a_{n2}x_2 + a_{n3}x_3 + \ldots a_{nn}x_n = b_n
\end{array}
$$

(1)

2. Eine Gleichung mit einer Unbekannten

$$a_{11}x_1 = b_1$$

Wenn $a_{11} \neq 0$ ist, dann ergibt sich

$$x_1 = \frac{b_1}{a_{11}}$$

3. Die Auflösung von zwei Gleichungen mit zwei Unbekannten und die Definition der Determinanten zweiter Ordnung

(2)
$$
\left.
\begin{array}{l}
a_{11}x_1 + a_{12}x_2 = b_1 \\
a_{21}x_1 + a_{22}x_2 = b_2
\end{array}
\right|
\begin{array}{l}
\cdot \; a_{22} \\
\cdot \; (-a_{12})
\end{array}
$$

Man multipliziert die erste Gleichung mit a_{22}, die zweite mit $(-a_{12})$:

$$
\begin{array}{l}
a_{11}a_{22}x_1 + a_{12}a_{22}x_2 = a_{22}b_1 \\
- a_{12}a_{21}x_1 - a_{12}a_{22}x_2 = - a_{12}b_2
\end{array}
$$

Durch Addition beider Gleichungen erhält man:

$$
\begin{array}{l}
a_{11}a_{22}x_1 - a_{12}a_{21}x_1 = a_{22}b_1 - a_{12}b_2 \\
(a_{11}a_{22} - a_{12}a_{21})x_1 = a_{22}b_1 - a_{12}b_2
\end{array}
$$

(3)
$$x_1 = \frac{a_{22}b_1 - a_{12}b_2}{a_{11}a_{22} - a_{12}a_{21}}$$

Dann multipliziert man die erste Gleichung mit $-a_{21}$, die zweite mit a_{11}, und erhält auf die gleiche Art:

(3′)
$$x_2 = \frac{a_{11}b_2 - a_{21}b_1}{a_{11}a_{22} - a_{12}a_{21}}$$

Die Ausdrücke in den Nennern und Zählern der Gleichungen (3) und (3') bezeichnet man als **Determinanten** 2. Ordnung und definiert für sie folgende Schreibweise:

$$a_{11}a_{22} - a_{12}a_{21} = \begin{vmatrix} a_{11} & a_{12} \\ a_{21} & a_{22} \end{vmatrix} = D \qquad \text{(Nennerdeterminante)}$$

$$a_{22}b_1 - a_{12}b_2 = \begin{vmatrix} b_1 & a_{12} \\ b_2 & a_{22} \end{vmatrix} = D_1$$

$$a_{11}b_2 - a_{21}b_1 = \begin{vmatrix} a_{11} & b_1 \\ a_{21} & b_2 \end{vmatrix} = D_2$$

(Zählerdeterminanten)

Aus der Definition ergibt sich die **Rechenregel:**

> *Den Wert einer Determinante 2. Ordnung erhält man, indem man vom Produkt der Elemente der Hauptdiagonale — sie verläuft von links oben nach rechts unten — das Produkt der Elemente der Nebendiagonale — sie verläuft von rechts oben nach links unten — subtrahiert.*

Die Gleichungen (3) und (3') lauten dann

$$(4) \qquad x_1 = \frac{\begin{vmatrix} b_1 & a_{12} \\ b_2 & a_{22} \end{vmatrix}}{\begin{vmatrix} a_{11} & a_{12} \\ a_{21} & a_{22} \end{vmatrix}} \quad \text{und (4')} \quad x_2 = \frac{\begin{vmatrix} a_{11} & b_1 \\ a_{21} & b_2 \end{vmatrix}}{\begin{vmatrix} a_{11} & a_{12} \\ a_{21} & a_{22} \end{vmatrix}}$$

oder

$$x_1 = \frac{D_1}{D} \qquad \text{und} \qquad x_2 = \frac{D_2}{D}$$

Ist die Nennerdeterminante $D \neq 0$, so hat das System genau eine Lösung, die durch die Gleichungen (4) und (4') geliefert wird.

Ist $D = 0$, dann ist das System entweder unlösbar oder es hat unendlich viele Lösungen.

So läßt sich mit Hilfe der Determinanten die Bestimmung der Lösungen eines linearen Gleichungssystems mit zwei Unbekannten schematisieren:

Man faßt die Koeffizienten und absoluten Glieder in folgender Form zusammen:

$$\begin{pmatrix} a_{11} & a_{12} & b_1 \\ a_{21} & a_{22} & b_2 \end{pmatrix}$$

Diese Zusammenfassung von Elementen bezeichnet man allgemein als **Matrix**, in diesem Fall speziell als Matrix des Gleichungssystems oder als **Systemmatrix.**

Aus dieser Matrix lassen sich die zur Bestimmung der Lösung benötigten Determinanten leicht entnehmen:

Die Nennerdeterminante D ergibt sich aus den beiden ersten Spalten der Matrix:

$$D = \begin{vmatrix} a_{11} & a_{12} \\ a_{21} & a_{22} \end{vmatrix}$$

Man nennt sie auch die Koeffizientendeterminante, da in ihr nur die Koeffizienten der Unbekannten auftreten.

Die Zählerdeterminante D_1 zur Bestimmung von x_1 erhält man, indem man in der Systemmatrix die Elemente der ersten Spalte (also die Koeffizienten von x_1) durch die absoluten Glieder ersetzt:

$$D_1 = \begin{vmatrix} b_1 & a_{12} \\ b_2 & a_{22} \end{vmatrix}$$

Entsprechend ergibt sich die Zählerdeterminante D_2 aus der Systemmatrix, indem die Elemente der zweiten Spalte (also die Koeffizienten von x_2) durch die absoluten Glieder ersetzt werden:

$$D_2 = \begin{vmatrix} a_{11} & b_1 \\ a_{21} & b_2 \end{vmatrix}$$

So lassen sich rein schematisch sofort die Lösungen des Gleichungssystems angeben.

1. Beispiel:

a) H e r k ö m m l i c h e   L ö s u n g s m e t h o d e

$$
\begin{aligned}
3x_1 + \quad\quad 4x_2 &= 8 \quad | \cdot 2 \\
5x_1 + \quad\quad 2x_2 &= 7 \quad | \cdot (-4) \\
\hline
2 \cdot 3x_1 + \quad 2 \cdot 4x_2 &= 2 \cdot 8 \\
(-4) \cdot 5x_1 + (-4) \cdot 2x_2 &= (-4) \cdot 7 \quad \Big\} + \\
\hline
(2 \cdot 3 - 4 \cdot 5)\, x_1 &= 2 \cdot 8 - 4 \cdot 7
\end{aligned}
$$

$$x_1 = \frac{2 \cdot 8 - 4 \cdot 7}{2 \cdot 3 - 4 \cdot 5} = \frac{-12}{-14} = \frac{6}{7}$$

Entsprechend ergibt sich $x_2 = \dfrac{19}{14}$, wenn man die erste Gleichung mit (-5) und die zweite Gleichung mit 3 multipliziert und dann addiert.

b) L ö s u n g   m i t   D e t e r m i n a n t e n

Die Systemmatrix lautet: $\begin{pmatrix} 3 & 4 & 8 \\ 5 & 2 & 7 \end{pmatrix}$

Daraus entnimmt man die Nennerdeterminante:

$$D = \begin{vmatrix} 3 & 4 \\ 5 & 2 \end{vmatrix} = 3 \cdot 2 - 4 \cdot 5 = -14$$

und die Zählerdeterminanten: $D_1 = \begin{vmatrix} 8 & 4 \\ 7 & 2 \end{vmatrix} = 8 \cdot 2 - 4 \cdot 7 = -12$

$$D_2 = \begin{vmatrix} 3 & 8 \\ 5 & 7 \end{vmatrix} = 3 \cdot 7 - 8 \cdot 5 = -19$$

Das Gleichungssystem hat also die Lösungen:

$$x_1 = \frac{D_1}{D} = \frac{\begin{vmatrix} 8 & 4 \\ 7 & 2 \end{vmatrix}}{\begin{vmatrix} 3 & 4 \\ 5 & 2 \end{vmatrix}} = \frac{-12}{-14} = \frac{6}{7}$$

$$x_2 = \frac{D_2}{D} = \frac{\begin{vmatrix} 3 & 8 \\ 5 & 7 \end{vmatrix}}{\begin{vmatrix} 3 & 4 \\ 5 & 2 \end{vmatrix}} = \frac{-19}{-14} = \frac{19}{14}$$

Die Erfüllungsmenge des Systems besteht also aus dem Wertepaar $\left(\frac{6}{7}; \frac{19}{14}\right)$. Dafür kann man schreiben:

$$E = \left\{\left(\frac{6}{7}; \frac{19}{14}\right)\right\}$$

2. Beispiel:

$$\left.\begin{array}{l} 4x_1 - 7x_2 = -5 \\ 6x_1 - 2x_2 = 9 \end{array}\right|$$

Der Systemmatrix: $\begin{pmatrix} 4 & -7 & -5 \\ 6 & -2 & 9 \end{pmatrix}$

entnimmt man die Lösung:

$$x_1 = \frac{\begin{vmatrix} -5 & -7 \\ 9 & -2 \end{vmatrix}}{\begin{vmatrix} 4 & -7 \\ 6 & -2 \end{vmatrix}} = \frac{10 + 63}{-8 + 42} = \frac{73}{34}$$

$$x_2 = \frac{\begin{vmatrix} 4 & -5 \\ 6 & 9 \end{vmatrix}}{\begin{vmatrix} 4 & -7 \\ 6 & -2 \end{vmatrix}} = \frac{36 + 30}{-8 + 42} = \frac{66}{34} = \frac{33}{17}$$

Es gilt also $E = \left\{\left(\frac{73}{34}; \frac{33}{17}\right)\right\}$

3. Aufgaben mit Lösungsangabe

$$\begin{array}{l} 5x_1 + 4x_2 = 15 \\ 3x_1 - 2x_2 = -2 \\ \hline x_1 = 1, x_2 = \frac{5}{2} \end{array} \qquad \text{oder: } E = \{(1; \tfrac{5}{2})\}$$

$$\begin{array}{l} 6x_1 - 9x_2 = 10 \\ 3x_1 - 2x_2 = 10 \\ \hline x_1 = 4\tfrac{2}{3}, x_2 = 2 \end{array} \qquad \text{oder: } E = \{(4\tfrac{2}{3}; 2)\}$$

$$3x_1 + 7x_2 = 41$$
$$\underline{5x_1 - 14x_2 = 17}$$
$$x_1 = 9, \ x_2 = 2 \qquad \text{oder: } E = \{(9; \ 2)\}$$

$$4x_1 - 9x_2 = 19$$
$$\underline{-4x_1 - x_2 = 11}$$
$$x_1 = -2, \ x_2 = -3 \qquad \text{oder: } E = \{(-2; \ -3)\}$$

$$\text{I: } 2x_1 + 3x_2 = 5$$
$$\underline{\text{II: } 6x_1 + 9x_2 = 8}$$

unlösbar, da $\qquad D = \begin{vmatrix} 2 & 3 \\ 6 & 9 \end{vmatrix} = 18 - 18 = 0$ ist.

Geometrische Deutung des letzten Beispiels:

Schreibt man beide Gleichungen in der herkömmlichen Form und betrachtet man sie als Funktionen von y, dann erhält man

$$\text{I: } \quad y = -\tfrac{2}{3} x + \tfrac{5}{3}$$
$$\text{II: } \quad y = -\tfrac{2}{3} x + \tfrac{8}{9}$$

Die beiden zugehörigen Geraden haben die gleiche Steigung $-\tfrac{2}{3}$; sie verlaufen also parallel zueinander und haben daher keinen Schnittpunkt.

Das Gleichungspaar $\qquad$ I: $\quad 2x + 3y = 5$
$$\underline{\text{II: } \quad 6x + 9y = 15}$$

hat dagegen unendlich viele Lösungen, da sowohl $D = 0$ als auch $D_x = D_y = 0$ ist.

Multipliziert man die erste Gleichung mit 3, dann sieht man, daß sie mit der zweiten Gleichung übereinstimmt. Beide Gleichungen sind äquivalent. Die zugehörigen Geraden fallen zusammen.

Alle Wertepaare, die die Gleichung I erfüllen, erfüllen auch die Gleichung II; sie sind also Lösungen des gegebenen Systems, beispielsweise $(1;1)$, $(2;\tfrac{1}{3})$, $(10;-5)$ usw.

4. Die Determinante dritter Ordnung bei drei Gleichungen mit drei Unbekannten und die Sarrussche Regel

(5)
$$a_{11}x_1 + a_{12}x_2 + a_{13}x_3 = b_1$$
$$a_{21}x_1 + a_{22}x_2 + a_{23}x_3 = b_2$$
$$a_{31}x_1 + a_{32}x_2 + a_{33}x_3 = b_3$$

Die Systemmatrix lautet:

$$\begin{pmatrix} a_{11} & a_{12} & a_{13} & b_1 \\ a_{21} & a_{22} & a_{23} & b_2 \\ a_{31} & a_{32} & a_{33} & b_3 \end{pmatrix}$$

Das System hat die Lösungen

$$x_1 = \frac{D_1}{D} \qquad x_2 = \frac{D_2}{D} \qquad x_3 = \frac{D_3}{D},$$

wobei man die nunmehr dreireihigen Determinanten, die man als Determinanten 3. Ordnung bezeichnet, analog dem Verfahren bei zweireihigen Determinanten aus der Systemmatrix abliest:

$$D = \begin{vmatrix} a_{11} & a_{12} & a_{13} \\ a_{21} & a_{22} & a_{23} \\ a_{31} & a_{32} & a_{33} \end{vmatrix} \qquad D_1 = \begin{vmatrix} b_1 & a_{12} & a_{13} \\ b_2 & a_{22} & a_{23} \\ b_3 & a_{32} & a_{33} \end{vmatrix}$$

$$D_2 = \begin{vmatrix} a_{11} & b_1 & a_{13} \\ a_{21} & b_2 & a_{23} \\ a_{31} & b_3 & a_{33} \end{vmatrix} \qquad D_3 = \begin{vmatrix} a_{11} & a_{12} & b_1 \\ a_{21} & a_{22} & b_2 \\ a_{31} & a_{32} & b_3 \end{vmatrix}$$

Man erhält also die jeweilige Zählerdeterminante D_m (m = 1, 2, 3), indem man die Elemente der m. Spalte durch die absoluten Glieder ersetzt.

Sarrussche Regel[1])

Den Wert einer Determinante 3. Ordnung kann man folgendermaßen berechnen:

Man schreibt rechts neben die Determinante noch einmal die beiden ersten Spalten hin. Die Produkte aus den Elementen der „Hauptdiagonalen" erhalten ein positives Vorzeichen, die Produkte aus den Elementen der Nebendiagonalen (rechts — oben nach links — unten) ein negatives.

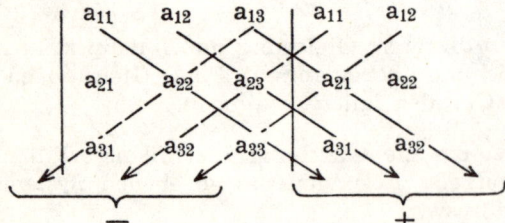

Es ist also

$$\begin{vmatrix} a_{11} & a_{12} & a_{13} \\ a_{21} & a_{22} & a_{23} \\ a_{31} & a_{32} & a_{33} \end{vmatrix} = \begin{array}{l} a_{11}a_{22}a_{33} + a_{12}a_{23}a_{31} + a_{13}a_{21}a_{32} \\ - a_{13}a_{22}a_{31} - a_{11}a_{23}a_{32} - a_{12}a_{21}a_{33} \end{array}$$

Beispiel:

$$\begin{array}{rcl} 2x_1 - x_2 + 4x_3 &=& -5 \\ 5x_1 - 2x_2 + 3x_3 &=& -3 \\ -4x_1 + 6x_2 + x_3 &=& -8 \end{array}$$

---

[1]) Die Sarrussche Regel, die in der Schulmathematik noch ihren Platz hat, gilt nur für dreireihige Determinanten; man kann ganz auf sie verzichten. In diesem Fall wird man sofort zur Cramerschen Regel (Abschn. 5) und anschließend zum fundamentalen Entwicklungssatz (Abschn. 7) übergehen, um dann mit ihm die Determinantensätze (Abschn. 6) zu beweisen. Daran schließen sich die Beispiele und Übungen zur Berechnung des Wertes von Determinanten an.

Das Gleichungssystem hat die Matrix:

$$\begin{pmatrix} 2 & -1 & 4 & -5 \\ 5 & -2 & 3 & -3 \\ -4 & 6 & 1 & -8 \end{pmatrix}$$

Daraus entnimmt man die Nennerdeterminante:

$$D = \begin{vmatrix} 2 & -1 & 4 \\ 5 & -2 & 3 \\ -4 & 6 & 1 \end{vmatrix} = 65, \text{ denn}$$

$$
\begin{aligned}
= \quad & -4 \cdot (-2) \cdot (-4) \quad + 2 \cdot (-2) \cdot 1 \\
& - 2 \cdot 3 \cdot 6 \quad\quad\quad + (-1) \cdot 3 \cdot (-4) \\
& - (-1) \cdot 5 \cdot 1 \quad\quad + 4 \cdot 5 \cdot 6 \\
= \quad & -32 - 36 + 5 - 4 + 12 + 120 = 65
\end{aligned}
$$

$$D_1 = \begin{vmatrix} -5 & -1 & 4 \\ -3 & -2 & 3 \\ -8 & 6 & 1 \end{vmatrix} = -15 \quad D_2 = \begin{vmatrix} 2 & -5 & 4 \\ 5 & -3 & 3 \\ -4 & -8 & 1 \end{vmatrix} = -81$$

$$D_3 = \begin{vmatrix} 2 & -1 & -5 \\ 5 & -2 & -3 \\ -4 & 6 & -8 \end{vmatrix} = -94$$

$$x_1 = \frac{D_1}{D} = \frac{-15}{65} \quad\quad x_2 = \frac{D_2}{D} = \frac{-81}{65} \quad\quad x_3 = \frac{D_3}{D} = \frac{-94}{65}$$

5. Die Determinante n. Ordnung und die Cramersche Regel

Das unter 1. angegebene allgemeine Gleichungssystem (1) hat die Matrix

$$\begin{pmatrix} a_{11} & a_{12} & \ldots\ldots & a_{1n} & b_1 \\ a_{21} & a_{22} & \ldots\ldots & a_{2n} & b_2 \\ \cdot & & & & \cdot \\ \cdot & & & & \cdot \\ \cdot & & & & \cdot \\ a_{n1} & a_{n2} & \ldots\ldots & a_{nn} & b_n \end{pmatrix}$$

Die **Cramersche Regel** besagt:

Ist die Nennerdeterminante $D \neq 0$, so hat das System die Lösungen

$$x_1 = \frac{D_1}{D}, \ x_2 = \frac{D_2}{D}, \ x_3 = \frac{D_3}{D}, \ldots\ldots, \ x_n = \frac{D_n}{D}$$

Die Nennerdeterminante D erhält man aus der Matrix durch Streichen der Spalte der absoluten Glieder; die Zählerdeterminanten D_m (m = 1, 2, 3, ... n), indem man jeweils die Elemente der m-ten Spalte durch die absoluten Glieder ersetzt:

$$D = \begin{vmatrix} a_{11} & a_{12} & \ldots & a_{1n} \\ a_{21} & a_{22} & \ldots & a_{2n} \\ \cdot & & & \cdot \\ \cdot & & & \cdot \\ \cdot & & & \cdot \\ a_{n1} & a_{n2} & \ldots & a_{nn} \end{vmatrix} \qquad D_m = \begin{vmatrix} a_{11} a_{12} & \ldots & b_1 & \ldots & a_{1n} \\ a_{21} a_{22} & \ldots & b_2 & \ldots & a_{2n} \\ \cdot & & & & \cdot \\ \cdot & & & & \cdot \\ \cdot & & & & \cdot \\ a_{n1} a_{n2} & \ldots & b_n & \ldots & a_{nn} \end{vmatrix}$$

$\uparrow$ m-te Spalte

6. Sätze über Determinanten

Die folgenden Sätze gestatten in vielen Fällen eine wesentlich erleichterte Bestimmung des Wertes von Determinanten. Ihre Richtigkeit läßt sich für zwei- und dreireihige Determinanten leicht einsichtig machen. Durch vollständige Induktion sind sie allgemein beweisbar; darauf soll aber hier verzichtet werden.

a) Spiegelung an der Hauptdiagonalen

> **Satz: Der Wert einer Determinante ändert sich nicht, wenn Zeilen und Spalten miteinander vertauscht werden.**

Man spricht in diesem Fall von der Spiegelung an der Hauptdiagonalen a_{11} a_{nn}.

Beweis des Satzes für Determinanten 2. Ordnung

Es ist $\begin{vmatrix} a_{11} & a_{12} \\ a_{21} & a_{22} \end{vmatrix} = \begin{vmatrix} a_{11} & a_{21} \\ a_{12} & a_{22} \end{vmatrix}$

denn $\begin{vmatrix} a_{11} & a_{12} \\ a_{21} & a_{22} \end{vmatrix} = a_{11} a_{22} - a_{21} a_{12}$

und $\begin{vmatrix} a_{11} & a_{21} \\ a_{12} & a_{22} \end{vmatrix} = a_{11} a_{22} - a_{12} a_{21}$

Beweis des Satzes für die Determinante dritter Ordnung:

Der Satz behauptet:

$$\begin{vmatrix} a_{11} & a_{12} & a_{13} \\ a_{21} & a_{22} & a_{23} \\ a_{31} & a_{32} & a_{33} \end{vmatrix} = \begin{vmatrix} a_{11} & a_{21} & a_{31} \\ a_{12} & a_{22} & a_{32} \\ a_{13} & a_{23} & a_{33} \end{vmatrix}$$

Entwickelt man beide Determinanten nach der Sarrusschen Regel, dann erhält man zwei gleiche Summen aus sechs Produkten, in denen nur die Faktoren ihre Reihenfolge geändert haben.

Nach diesem Satz sind Zeilen und Spalten gleichwertig, deshalb spricht man allgemein von Reihen.

b) Multiplikation mit einer Konstanten

> **Satz: Eine Determinante wird mit einer Zahl k multipliziert, indem man alle Elemente einer Reihe mit k multipliziert.**

$$k \cdot \begin{vmatrix} a_{11} & a_{12} & \ldots & a_{1n} \\ a_{21} & a_{22} & \ldots & a_{2n} \\ \cdot & & & \cdot \\ \cdot & & & \cdot \\ \cdot & & & \cdot \\ a_{n1} & a_{n2} & \ldots & a_{nn} \end{vmatrix} = \begin{vmatrix} a_{11} & \ldots & k \cdot a_{1m} & \ldots & a_{1n} \\ a_{21} & \ldots & k \cdot a_{2m} & \ldots & a_{2n} \\ \cdot & & & & \cdot \\ \cdot & & & & \cdot \\ \cdot & & & & \cdot \\ a_{n1} & \ldots & k \cdot a_{nm} & \ldots & a_{nn} \end{vmatrix}$$

Beweis des Satzes für die Determinante dritter Ordnung

Der Satz behauptet:

$$k \cdot \begin{vmatrix} a_{11} & a_{12} & a_{13} \\ a_{21} & a_{22} & a_{23} \\ a_{31} & a_{32} & a_{33} \end{vmatrix} = \begin{vmatrix} a_{11} & a_{12} & a_{13} \\ k \cdot a_{21} & k \cdot a_{22} & k \cdot a_{23} \\ a_{31} & a_{32} & a_{33} \end{vmatrix}$$

Entwickelt man die rechte Determinante nach der Sarrusschen Regel, dann erhält man sechs Produkte, die alle den Faktor k aufweisen, den man also ausklammern kann. In der Klammer erscheinen die gleichen Produkte, die man bei der Entwicklung der linken Determinante erhält.

Dieser Satz rechtfertigt umgekehrt auch das Ausklammern eines Faktors, den alle Elemente einer Reihe gemeinsam haben.

Beispiele:

1.
$$5 \cdot \begin{vmatrix} 7 & 3 & 4 \\ 6 & 5 & 2 \\ 1 & 1 & 5 \end{vmatrix} = \begin{vmatrix} 7 & 3 & 20 \\ 6 & 5 & 10 \\ 1 & 1 & 25 \end{vmatrix} = \begin{vmatrix} 7 & 3 & 4 \\ 30 & 25 & 10 \\ 1 & 1 & 5 \end{vmatrix}$$

2.
$$\begin{vmatrix} 12 & 7 & 1 \\ 18 & 3 & 8 \\ 3 & 2 & 5 \end{vmatrix} = 3 \cdot \begin{vmatrix} 4 & 7 & 1 \\ 6 & 3 & 8 \\ 1 & 2 & 5 \end{vmatrix}$$

Durch das Ausklammern von Faktoren lassen sich wesentliche Rechenvorteile erreichen.

c) Addition des Vielfachen einer Reihe zu einer anderen Reihe

> **Satz: Der Wert einer Determinante bleibt unverändert, wenn man zu den Elementen einer Reihe das k-fache der entsprechenden Elemente einer parallelen Reihe addiert.**

Beweis des Satzes für die Determinanten 2. und 3. Ordnung

Es wird sofort deutlich, daß

$$\begin{vmatrix} a_{11} & a_{12} \\ a_{21} & a_{22} \end{vmatrix} = \begin{vmatrix} a_{11} & a_{12} + k \cdot a_{11} \\ a_{21} & a_{22} + k \cdot a_{21} \end{vmatrix} \text{ ist, denn}$$

$$\begin{vmatrix} a_{11} & a_{12} + k \cdot a_{11} \\ a_{21} & a_{22} + k \cdot a_{21} \end{vmatrix} = a_{11} \cdot (a_{22} + k \cdot a_{21}) - a_{21} \cdot (a_{12} + k \cdot a_{11})$$

$$= a_{11} a_{22} + a_{11} \cdot k \cdot a_{21} - a_{21} \cdot a_{12} - a_{21} \cdot k \cdot a_{11}$$

$$= a_{11} a_{22} - a_{21} a_{12} = \begin{vmatrix} a_{11} & a_{12} \\ a_{21} & a_{22} \end{vmatrix}$$

$$\begin{vmatrix} a_{11} & a_{12} & a_{13} \\ a_{21} & a_{22} & a_{23} \\ a_{31} & a_{32} & a_{33} \end{vmatrix} = \begin{vmatrix} a_{11} & a_{12} & a_{13} \\ a_{21} + k \cdot a_{11} & a_{22} + k \cdot a_{12} & a_{23} + k \cdot a_{13} \\ a_{31} & a_{32} & a_{33} \end{vmatrix}$$

Entwickelt man die rechte Seite nach der Sarrusschen Regel, dann erhält man:

$$a_{11} \cdot (a_{22} + k \cdot a_{12}) \cdot a_{33} + a_{12} \cdot (a_{23} + k \cdot a_{13}) \cdot a_{31}$$
$$+ \; a_{13} \cdot (a_{21} + k \cdot a_{11}) \cdot a_{32}$$

$$- \; a_{13} \cdot (a_{22} + k \cdot a_{12}) \cdot a_{31} - a_{11} \cdot (a_{23} + k \cdot a_{13}) \cdot a_{32}$$
$$- \; a_{12} \cdot (a_{21} + k \cdot a_{11}) \cdot a_{33}$$

$$= \; a_{11} a_{22} a_{33} + k \cdot a_{12} a_{11} a_{33} + a_{12} a_{23} a_{31} + k \cdot a_{13} a_{12} a_{31}$$

$$+ \; a_{13} a_{21} a_{32} + k \cdot a_{11} a_{13} a_{32} - a_{13} a_{22} a_{31} - k \cdot a_{12} a_{13} a_{31}$$

$$- \; a_{11} a_{23} a_{32} - k \cdot a_{13} a_{11} a_{32} - a_{12} a_{21} a_{33} - k \cdot a_{11} a_{12} a_{33}$$

$$= \; a_{11} a_{22} a_{33} + a_{12} a_{23} a_{31} + a_{13} a_{21} a_{32}$$

$$- \; a_{13} a_{22} a_{31} - a_{11} a_{23} a_{32} - a_{12} a_{21} a_{33}$$

$$= \begin{vmatrix} a_{11} & a_{12} & a_{13} \\ a_{21} & a_{22} & a_{23} \\ a_{31} & a_{32} & a_{33} \end{vmatrix}$$

Alle Glieder, die den Faktor k enthalten, heben sich paarweise gegeneinander auf.

Beispiel
$$\begin{vmatrix} 2 & 3 & 8 \\ -4 & 3 & -1 \\ 12 & -11 & 6 \end{vmatrix} = \begin{vmatrix} 6 & 0 & 9 \\ -4 & 3 & -1 \\ 0 & -2 & 3 \end{vmatrix}$$

Zur ersten Zeile ist das (—1)-fache der 2. Zeile und zur 3. Zeile das 3-fache der 2. Zeile addiert worden.

Man wendet diese Umformung an, um in der neuen Determinante Elemente mit dem Wert Null zu erhalten. Dadurch wird die Berechnung von Determinanten wesentlich erleichtert.

7. Bestimmung des Wertes von Determinanten beliebiger Ordnung mit Hilfe der Adjunkten

> **Definition:**
>
> *Jedem Element a_{rs} einer Determinante ist genau eine sogenannte Adjunkte A_{rs} zugeordnet. Ihr absoluter Betrag ist gleich der Unterdeterminanten D_{rs}, die man aus der Determinante durch Streichen der Zeile r und der Spalte s, in denen a_{rs} steht, erhält. Die Adjunkte ist positiv, wenn die Summe $(r+s)$ von Zeilen- und Spaltennummer gerade ist. Bei ungerader Summe $(r+s)$ ist die Adjunkte negativ. A_{rs} läßt sich also bestimmen nach der Gleichung:*
>
> $$A_{rs} = (-1)^{r+s} \cdot D_{rs}$$

Beispiel:

$$D = \begin{vmatrix} a_{11} & a_{12} & a_{13} \\ a_{21} & a_{22} & a_{23} \\ a_{31} & a_{32} & a_{33} \end{vmatrix}$$

Adjunkte A_{23} zum Element a_{23}:

$$A_{23} = (-1)^{2+3} \cdot \begin{vmatrix} a_{11} & a_{12} & a_{13} \\ a_{21} & a_{22} & a_{23} \\ a_{31} & a_{32} & a_{33} \end{vmatrix} = - \begin{vmatrix} a_{11} & a_{12} \\ a_{31} & a_{32} \end{vmatrix}$$

> **Der fundamentale Entwicklungssatz für Determinanten**
>
> **Multipliziert man die Elemente einer Reihe einer Determinante mit den ihnen jeweils zugeordneten Adjunkten, so ist die Summe der Produkte gleich dem Wert der Determinante.**

Man bezeichnet dies als die Entwicklung der Determinante nach der betreffenden Reihe.

Dieser Satz gestattet die B e r e c h n u n g jeder Determinante, denn danach wird jede n-reihige Determinante auf (n—1)-reihige Determinanten zurückgeführt; diese lassen sich dann auf (n—2)-reihige zurückführen. Durch fortgesetzte Anwendung gelangt man schließlich zu zweireihigen Determinanten, deren Berechnung definiert ist.

Obige Determinante soll nach der 2. Spalte entwickelt werden.

$$\begin{vmatrix} a_{11} & a_{12} & a_{13} \\ a_{21} & a_{22} & a_{23} \\ a_{31} & a_{32} & a_{33} \end{vmatrix} = a_{12}A_{12} + a_{22}A_{22} + a_{32}A_{32}$$

$$= -a_{12} \cdot \begin{vmatrix} a_{21} & a_{23} \\ a_{31} & a_{33} \end{vmatrix} + a_{22} \cdot \begin{vmatrix} a_{11} & a_{13} \\ a_{31} & a_{33} \end{vmatrix} - a_{32} \cdot \begin{vmatrix} a_{11} & a_{13} \\ a_{21} & a_{23} \end{vmatrix}$$

B e i s p i e l e für die günstigste Berechnung von Determinanten:

Da man eine Determinante nach jeder Reihe (Spalte oder Zeile) entwickeln kann, wird man nach einer Reihe suchen, in der ein Element oder sogar mehrere Elemente mit dem Wert Null vorkommen. Durch Anwendung des Additionssatzes lassen sich oft Nullen gewinnen.

a)
$$\begin{vmatrix} 5 & 10 & 15 \\ 4 & 1 & 3 \\ -1 & 6 & 9 \end{vmatrix} = 5 \cdot \begin{vmatrix} 1 & 2 & 3 \\ 4 & 1 & 3 \\ -1 & 6 & 9 \end{vmatrix} = 5 \cdot \begin{vmatrix} 1 & 2 & 3 \\ 4 & 1 & 3 \\ -4 & 0 & 0 \end{vmatrix}$$

$$= 5 \cdot \left(-4 \cdot \begin{vmatrix} 2 & 3 \\ 1 & 3 \end{vmatrix} - 0 \cdot \begin{vmatrix} 1 & 3 \\ 4 & 3 \end{vmatrix} + 0 \cdot \begin{vmatrix} 1 & 2 \\ 4 & 1 \end{vmatrix} \right)$$

$$= -20(6-3) = -60$$

Erläuterung der einzelnen Rechenschritte

1. Der den Elementen der ersten Zeile gemeinsame Faktor 5 wird vor die Determinante gebracht.
2. Zur 3. Zeile wird das (—3)-fache der 1. Zeile addiert.
3. Die Determinante wird nach der 3. Zeile entwickelt.

b) Der W e r t der Determinanten

$$D = \begin{vmatrix} 2 & 1 & 2 \\ 5 & 3 & 6 \\ 3 & 4 & 3 \end{vmatrix}$$ ist schnell zu bestimmen, wenn man das Doppelte der 2. Spalte von der ersten Spalte und ebenso von der 3. Spalte subtrahiert:

$$\begin{vmatrix} 2 & 1 & 2 \\ 5 & 3 & 6 \\ 3 & 4 & 3 \end{vmatrix} = \begin{vmatrix} 0 & 1 & 0 \\ -1 & 3 & 0 \\ -5 & 4 & -5 \end{vmatrix} = (-1)^{3+3} \cdot -5 \cdot \begin{vmatrix} 0 & 1 \\ -1 & 3 \end{vmatrix}$$

$$= -5 \cdot [0 \cdot 3 - 1 \cdot (-1)]$$

$$= -5$$

c) Ebenso leicht erhält man

$$D = \begin{vmatrix} 3 & -9 & -1 \\ 4 & 10 & -9 \\ 5 & -1 & -2 \end{vmatrix} = 300,$$

wenn man beispielsweise das 3-fache der 3. Spalte zur 1. Spalte und das (—9)-fache der 3. Spalte zur 2. Spalte addiert.

$$D = \begin{vmatrix} 3 & -9 & -1 \\ 4 & 10 & -9 \\ 5 & -1 & -2 \end{vmatrix} = \begin{vmatrix} 0 & 0 & -1 \\ -23 & 91 & -9 \\ -1 & 17 & -2 \end{vmatrix} = (-1)^{1+3} \cdot -1 \cdot \begin{vmatrix} -23 & 91 \\ -1 & 17 \end{vmatrix}$$

$$= -[-23 \cdot 17 - 91 \cdot (-1)] = -(-391 + 91)$$

$$= 300$$

8. Übungsbeispiele für dreireihige Determinanten

a) Das Gleichungssystem

$$5x_1 + 7x_2 - 11x_3 = 44$$
$$2x_1 + 3x_2 - 5x_3 = 16$$
$$3x_1 - 2x_2 + 4x_3 = 36$$

hat die Matrix

$$\begin{pmatrix} 5 & 7 & -11 & 44 \\ 2 & 3 & -5 & 16 \\ 3 & -2 & 4 & 36 \end{pmatrix}$$

Daraus entnimmt man

$$D = \begin{vmatrix} 5 & 7 & -11 \\ 2 & 3 & -5 \\ 3 & -2 & 4 \end{vmatrix} = -8$$

$$D_1 = \begin{vmatrix} 44 & 7 & -11 \\ 16 & 3 & -5 \\ 36 & -2 & 4 \end{vmatrix} = -80$$

$$D_2 = \begin{vmatrix} 5 & 44 & -11 \\ 2 & 16 & -5 \\ 3 & 36 & 4 \end{vmatrix} = -56$$

$$D_3 = \begin{vmatrix} 5 & 7 & 44 \\ 2 & 3 & 16 \\ 3 & -2 & 36 \end{vmatrix} = -40$$

Damit erhält man

$$x_1 = \frac{D_1}{D} = 10, \quad x_2 = \frac{D_2}{D} = 7, \quad x_3 = \frac{D_3}{D} = 5$$

b)
$$x_1 + x_2 + x_3 = 2$$
$$2x_1 - x_2 - 2x_3 = 2$$
$$3x_1 + 3x_2 + x_3 = 0$$
$$x_1 = 2\tfrac{1}{3}, \; x_2 = -3\tfrac{1}{3}, \; x_3 = 3$$

oder: $\quad E = \{(2\tfrac{1}{3}; -3\tfrac{1}{3}; 3)\}$

c)
$$2x_1 - x_2 + 3x_3 = 9$$
$$5x_1 - 4x_3 = -7$$
$$-6x_1 + 8x_2 + 7x_3 = 31$$
$$x_1 = 1; \; x_2 = 2, \; x_3 = 3$$

oder: $\quad E = \{(1; 2; 3)\}$

d)
$$2x_1 - x_2 + x_3 = 3$$
$$14x_1 + 8x_2 + 2x_3 = 36$$
$$13x_1 + 4x_2 + 3x_3 = 30$$

Man erhält: $\quad D = 0, \; D_1 = 0, \; D_2 = 0 \text{ und } D_3 = 0$

Das Gleichungssystem muß durch unendlich viele Lösungen erfüllt werden. Durch Nachrechnen kann man feststellen, daß beispielsweise die Wertetripel (1; 2; 3), (0; 3; 6) und ($\frac{3}{2}$; $\frac{3}{2}$; $\frac{3}{2}$) das System erfüllen.

9. Beispiel für eine Determinante 4. Ordnung

Das Gleichungssystem mit vier Unbekannten

$$
\begin{aligned}
3x_1 - 7x_2 - 11x_3 - 8x_4 &= 4 \\
x_1 + 2x_2 + 3x_3 + 5x_4 &= -5 \\
5x_1 - x_2 - x_3 + 2x_4 &= 0 \\
2x_1 + x_2 + 9x_3 + 4x_4 &= 11
\end{aligned}
$$

hat die Matrix

$$
\begin{pmatrix}
3 & -7 & -11 & -8 & 4 \\
1 & 2 & 3 & 5 & -5 \\
5 & -1 & -1 & 2 & 0 \\
2 & 1 & 9 & 4 & 11
\end{pmatrix}
$$

Daraus entnimmt man die Nennerdeterminante

$$
D = \begin{vmatrix}
3 & -7 & -11 & -8 \\
1 & 2 & 3 & 5 \\
5 & -1 & -1 & 2 \\
2 & 1 & 9 & 4
\end{vmatrix}
$$

deren Wert auf zwei Wegen beispielhaft bestimmt werden soll.

1. Weg: Die Determinante wird nach der zweiten Zeile entwickelt:

$$
D = (-1)^{2+1} \cdot 1 \cdot \begin{vmatrix} -7 & -11 & -8 \\ -1 & -1 & 2 \\ 1 & 9 & 4 \end{vmatrix} + (-1)^{2+2} \cdot 2 \cdot \begin{vmatrix} 3 & -11 & -8 \\ 5 & -1 & 2 \\ 2 & 9 & 4 \end{vmatrix}
$$

$$
+ (-1)^{2+3} \cdot 3 \cdot \begin{vmatrix} 3 & -7 & -8 \\ 5 & -1 & 2 \\ 2 & 1 & 4 \end{vmatrix} + (-1)^{2+4} \cdot 5 \cdot \begin{vmatrix} 3 & -7 & -11 \\ 5 & -1 & -1 \\ 2 & 1 & 9 \end{vmatrix}
$$

$$
= - \begin{vmatrix} -7 & -11 & -8 \\ -1 & -1 & 2 \\ 1 & 9 & 4 \end{vmatrix} + 2 \cdot \begin{vmatrix} 3 & -11 & -8 \\ 5 & -1 & 2 \\ 2 & 9 & 4 \end{vmatrix} - 3 \cdot \begin{vmatrix} 3 & -7 & -8 \\ 5 & -1 & 2 \\ 2 & 1 & 4 \end{vmatrix}
$$

$$
+ 5 \cdot \begin{vmatrix} 3 & -7 & -11 \\ 5 & -1 & -1 \\ 2 & 1 & 9 \end{vmatrix}
$$

2. Weg: Durch geeignete Umformung kommt man in drei Schritten schneller zum Ziel.

1. Schritt: Zur 4. Spalte addiert man das (—2)-fache der 1. Spalte
2. Schritt: Zur 1. Spalte addiert man das (—2)-fache der 2. Spalte
3. Schritt: Zur 3. Spalte addiert man das (—9)-fache der 2. Spalte

Dann erhält man:

$$D = \begin{vmatrix} 17 & -7 & 52 & -14 \\ -3 & 2 & -15 & 3 \\ 7 & -1 & 8 & -8 \\ 0 & 1 & 0 & 0 \end{vmatrix} = (-1)^{4+2} \cdot 1 \cdot \begin{vmatrix} 17 & 52 & -14 \\ -3 & -15 & 3 \\ 7 & 8 & -8 \end{vmatrix}$$

Addiert man in der dreireihigen Determinante zur ersten Spalte die dritte Spalte und zur 3. Spalte die 2. Spalte, dann erhält man daraus die gleich große Determinante.

$$D = \begin{vmatrix} 3 & 52 & 38 \\ 0 & -15 & -12 \\ -1 & 8 & 0 \end{vmatrix} = 3 \begin{vmatrix} -15 & -12 \\ 8 & 0 \end{vmatrix} + (-1)^{3+1} \cdot (-1) \begin{vmatrix} 52 & 38 \\ -15 & -12 \end{vmatrix}$$

$$= 3 \cdot 96 - [52 \cdot (-12) - 38 \cdot (-15)] = 288 + 54 = \underline{\underline{342}}$$

Auf ähnlichen Wegen ergeben sich

$$D_1 = \begin{vmatrix} 4 & -7 & -11 & -8 \\ -5 & 2 & 3 & 5 \\ 0 & -1 & -1 & 2 \\ 11 & 1 & 9 & 4 \end{vmatrix} = 342, \quad D_2 = -342,$$
$$D_3 = 684$$
$$\text{und } D_4 = -684$$

So erhält man für das Gleichungssystem die Lösung:

$$x_1 = 1, \quad x_2 = -1, \quad x_3 = 2, \quad x_4 = -2$$

IV. Einführung in die Matrizenrechnung

Matrizen spielen nicht nur in der modernen Mathematik eine bedeutende Rolle, sondern sie werden auch in Physik und Technik, besonders aber in den Wirtschaftswissenschaften und in der Wirtschaftspraxis zunehmend eingesetzt. Mit ihrer Symbolik lassen sich umfangreiche und komplizierte Zusammenhänge übersichtlich darstellen. Den Matrizen kann man Rechenanweisungen entnehmen, die zur Durchführung in Elektronenrechnern besonders geeignet sind, weil das Rechnen mit Hilfe von Matrizen und die Arbeitsweise von Rechenanlagen gut aufeinander abstimmbar sind.

In den folgenden Ausführungen soll der Leser mit Matrizen und einigen Grundgesetzen der Matrizenrechnung — des Matrizenkalküls — vertraut gemacht werden. Er wird dabei erkennen, daß er schon häufig mit matrizenähnlichen Gebilden umgegangen ist. Matrizen sind nämlich nichts anderes als Zahlentabellen, bei denen Kopf- und Seitenleisten und alle Benennungen weggelassen wurden. Matrizen stellen dann rechteckige Anordnungen von Zahlen dar, in denen die einzelnen Zahlen — die Elemente der Matrizen — in Zeilen nebeneinander und in Spalten untereinander stehen. Die Elemente können Kosten, Preise, Rohstoffmengen, Produktionszeiten oder beliebige Größen bedeuten.

Der Zugang zum Verständnis der behandelten Rechenoperationen — Addition, Subtraktion und Multiplikation von Matrizen — wird erleichtert, indem jeweils von einem Zahlenbeispiel aus dem Bereich der Wirtschaft ausgegangen wird. Der Leser kann die Rechnungen selbst nachvollziehen, wobei er Übung im Umgang mit Matrizen gewinnt. So wird er schrittweise zum Verständnis der in allgemeiner Aussage in Matrizensymbolik formulierten Gesetze geführt und erhält damit einen Einblick in die Matrizenrechnung als Lösungshilfe für ökonomische Probleme.

1. Systemmatrix eines linearen Gleichungssystems

In dem Kapitel über Determinanten wurde der Begriff Matrix für die geordnete Zusammenstellung der Koeffizienten und der absoluten Glieder von linearen Gleichungssystemen verwendet. Das Koeffizientenschema der Gleichungen, an das die absoluten Glieder als letzte Spalte angefügt wurden, ist dort als Systemmatrix bezeichnet worden. Damit ist gesagt, daß es sich um die Matrix des betrachteten Gleichungssystems handelt. Aus diesen Matrizen werden dann nach dem dort gegebenen Verfahren die jeweiligen Determinanten entnommen. Jede Systemmatrix stellt somit ein wohlgeordnetes Aufbewahrungsschema für Determinanten dar. Die Zahl der Spalten ist jeweils um eins größer als die Zahl der Reihen.

Eine Determinante besitzt immer gleich viel Zeilen und Spalten; sie hat eine quadratische Form. Matrizen haben dagegen meist eine rechteckige Form. Zeilen- und Spaltenzahl brauchen bei Matrizen nicht übereinzustimmen. Während Determinanten, deren Elemente aus Zahlen bestehen, ein bestimmter Zahlenwert zugeordnet werden kann, ist für eine Matrix ein derartiger Wert nicht definiert.

2. Definition der Matrix

> *Unter einer Matrix vom Typ (m, n) versteht man ein System von $m \cdot n$ Größen, die in einem rechteckigen Schema aus m Zeilen und n Spalten angeordnet sind.*

Um sie äußerlich als Matrix zu kennzeichnen, faßt man diese Größen in einer großen, runden Klammer[1]) zusammen. Man pflegt sie mit einem deutschen Großbuchstaben zu benennen. Die Elemente erhalten Doppelindizes:

$$\mathfrak{M} = \begin{pmatrix} a_{11} & a_{12} \dots a_{1n} \\ a_{21} & a_{22} \dots a_{2n} \\ a_{31} & \dots\dots\dots \\ \cdot & \cdot \\ \cdot & \cdot \\ a_{m1} & a_{mn} \end{pmatrix}$$

---

[1]) Aus drucktechnischen Gründen werden neuerdings in der Literatur an Stelle der runden Klammern auch senkrechte Doppelstriche verwendet.

Jede Matrix kann als eine — besonders übersichtlich — geordnete Menge von Elementen aufgefaßt werden.

In jedem Element a_{ik} der Matrix bedeutet i die Zeile und k die Spalte, in der das Element steht. In der Wirtschaftsmathematik bestehen die Elemente aus reellen Zahlen, die ohne Benennung angegeben werden. Im folgenden sollen einige Operationen aufgezeigt werden, denen Matrizen unterworfen werden können. Es wird dabei so vorgegangen, daß die Operationen an einem konkreten Beispiel aus der Wirtschaft erläutert werden, bevor die allgemeine Formulierung erfolgt.

3. Die transponierte Matrix

Die vier Lastwagen eines Transportunternehmens haben an den sechs Tagen einer Woche die in der nachstehenden Tabelle zusammengestellten Kilometerleistungen zurückgelegt.

Lkw	Mo	Di	Mi	Do	Fr	Sa
I	250	320	360	290	410	0
II	310	280	420	400	510	240
III	190	250	320	330	430	180
IV	440	450	270	260	380	240

Schreibt man die Zahlen dieser Tabelle ohne Kopf- und Seitenleiste und ohne Benennung in der angegebenen Reihenfolge, dann erhält man eine Matrix, die mit $\Re_1$ — Kilometermatrix der ersten Woche — bezeichnet werden soll:

$$\Re_1 = \begin{pmatrix} 250 & 320 & 360 & 290 & 410 & 0 \\ 310 & 280 & 420 & 400 & 510 & 240 \\ 190 & 250 & 320 & 330 & 430 & 180 \\ 440 & 450 & 270 & 260 & 380 & 240 \end{pmatrix}$$

Man kann die obige Tabelle mit den gleichen Zahlen in andersartiger Anordnung schreiben, indem man die Wochentage untereinander und die Lastwagen nebeneinander anordnet. Die zugehörige Matrix soll mit $\Re_1'$ bezeichnet werden.

$$\Re_1' = \begin{pmatrix} 250 & 310 & 190 & 440 \\ 320 & 280 & 250 & 450 \\ 360 & 420 & 320 & 270 \\ 290 & 400 & 330 & 260 \\ 410 & 510 & 430 & 380 \\ 0 & 240 & 180 & 240 \end{pmatrix}$$

Diese Matrix enthält die gleichen Zahlen — Elemente — wie $\Re_1$. Sie entsteht aus $\Re_1$, indem man die Zeilen von $\Re_1$ als Spalten der zu bildenden Matrix $\Re_1'$ schreibt. Dadurch erscheinen dann die Spalten von $\Re_1$ als Zeilen von $\Re_1'$. Man nennt dann $\Re_1'$ die transponierte Matrix von $\Re_1$.

A l l g e m e i n g i l t :

Wenn man in einer Matrix

$$\mathfrak{M} = \begin{pmatrix} a_{11} & a_{12} & a_{13} & \dots & a_{1n} \\ a_{21} & a_{22} & & \dots & a_{2n} \\ \cdot & & & & \cdot \\ \cdot & & & & \cdot \\ \cdot & & & & \cdot \\ a_{m1} & \dots & & \dots & a_{mn} \end{pmatrix}$$

die Zeilen und Spalten miteinander vertauscht, dann erhält man die „gestürzte" oder t r a n s p o n i e r t e Matrix:

$$\mathfrak{M}' = \begin{pmatrix} a_{11} & a_{21} & \dots & a_{m1} \\ a_{12} & a_{22} & \dots & a_{m2} \\ a_{13} & & \dots & a_{m3} \\ \cdot & & & \cdot \\ \cdot & & & \cdot \\ \cdot & & & \cdot \\ a_{1n} & a_{2n} & \dots & a_{mn} \end{pmatrix}$$

4. Die Gleichheit von Matrizen

Die Matrix $\mathfrak{M}$ und ihre transponierte Matrix $\mathfrak{M}'$ enthalten die gleichen Elemente in anderer Anordnung. $\mathfrak{M}$ und $\mathfrak{M}'$ sind aber nicht gleich, denn man definiert:

> *Zwei Matrizen $\mathfrak{A}$ und $\mathfrak{B}$ sind gleich, wenn sie die gleiche Anzahl Zeilen und die gleiche Anzahl Spalten haben und wenn jedes Element von $\mathfrak{A}$ gleich dem entsprechenden Element von $\mathfrak{B}$ ist.*

Diese Definition kann man kurz so schreiben:

Es ist $\mathfrak{A} = \mathfrak{B}$, wenn $a_{ik} = b_{ik}$ für alle i und alle k gilt.

5. Die Summe und die Differenz von Matrizen

Die Kilometerzahlen in der zweiten Woche seien durch die Matrix $\mathfrak{K}_2$ erfaßt:

$$\mathfrak{K}_2 = \begin{pmatrix} 210 & 290 & 180 & 470 & 320 & 190 \\ 300 & 280 & 310 & 400 & 410 & 230 \\ 400 & 330 & 340 & 430 & 370 & 0 \\ 0 & 450 & 380 & 290 & 420 & 310 \end{pmatrix}$$

Fragt man nun nach der Matrix der gesamten Leistungen in der ersten und zweiten Woche, dann kann man sie erhalten, indem man die einander entsprechenden Tagesleistungen der ersten und der zweiten Woche addiert:

$$\Re_{1/2} = \Re_1 + \Re_2 = \begin{pmatrix} 460 & 610 & 540 & 760 & 730 & 190 \\ 610 & 560 & 730 & 800 & 910 & 470 \\ 590 & 580 & 660 & 760 & 800 & 180 \\ 440 & 900 & 650 & 550 & 800 & 550 \end{pmatrix}$$

Allgemein definiert man:

> *Unter der Summe zweier Matrizen $\mathfrak{A}$ und $\mathfrak{B}$ von jeweils m Zeilen und n Spalten versteht man eine Matrix $\mathfrak{C}$ vom Typ (m, n), bei der jedes Element gleich der Summe der entsprechenden Elemente der beiden Matrizen $\mathfrak{A}$ und $\mathfrak{B}$ ist.*

Es ist also $\mathfrak{C} = \mathfrak{A} + \mathfrak{B}$, wenn $c_{ik} = a_{ik} + b_{ik}$ für alle i und k erfüllt ist.

In der durch die Matrix $\Re_1$ erfaßten Woche sollen die durch die Matrix $\mathfrak{L}$ angegebenen Leerfahrt-Kilometer angefallen sein:

$$\mathfrak{L} = \begin{pmatrix} 40 & 0 & 30 & 70 & 50 & 0 \\ 0 & 20 & 80 & 40 & 100 & 60 \\ 190 & 0 & 20 & 50 & 0 & 180 \\ 50 & 60 & 0 & 40 & 20 & 0 \end{pmatrix}$$

Es ist offensichtlich, daß sich die Zahl der Nutzlast-Kilometer als Differenz der entsprechenden Tageskilometer ergibt. Man erhält folgende Matrix für die Nutzlast-Kilometer:

$$\mathfrak{M} = \Re_1 - \mathfrak{L} = \begin{pmatrix} 210 & 320 & 330 & 220 & 360 & 0 \\ 310 & 260 & 340 & 360 & 410 & 180 \\ 0 & 250 & 300 & 280 & 430 & 0 \\ 390 & 390 & 270 & 220 & 360 & 240 \end{pmatrix}$$

Allgemein gilt für die Differenz zweier Matrizen $\mathfrak{A} - \mathfrak{B}$:

$$\mathfrak{D} = \mathfrak{A} - \mathfrak{B}, \text{ wenn } d_{ik} = a_{ik} - b_{ik} \text{ für alle i und k gilt.}$$

6. Das Matrizenprodukt

a) Multiplikation einer Matrix mit einer Zahl

Zur Ermittlung des Treibstoffverbrauchs bei den Transportleistungen der ersten Woche wird zunächst angenommen, daß jeder der vier Lastwagen 30 Liter auf 100 km verbraucht. Der Kilometerverbrauch jedes Lastwagens ist also gleich 0,3 Liter.

Will man in einer Matrix den Verbrauch eines jeden Lastzugs für jeden Tag angeben, dann muß man offensichtlich jede Kilometerzahl mit 0,3 multiplizieren. So erhält man

$$\mathfrak{B}_1 = 0,3 \cdot \begin{pmatrix} 250 & 320 & 360 & 290 & 410 & 0 \\ 310 & 280 & 420 & 400 & 510 & 240 \\ 190 & 250 & 320 & 330 & 430 & 180 \\ 440 & 450 & 270 & 260 & 380 & 240 \end{pmatrix} = \begin{pmatrix} 75 & 96 & 108 & 87 & 123 & 0 \\ 93 & 84 & 126 & 120 & 153 & 72 \\ 57 & 75 & 96 & 99 & 129 & 54 \\ 132 & 135 & 81 & 78 & 114 & 72 \end{pmatrix}$$

Demgemäß definiert man allgemein:

> *Eine Matrix $\mathfrak{M}$ wird mit einer Zahl f multipliziert, indem man jedes Element der Matrix mit der Zahl multipliziert:*

$$f \cdot \mathfrak{M} = f \cdot \begin{pmatrix} a_{11} & a_{12} & \ldots & a_{1n} \\ a_{21} & \ldots & \ldots & a_{2n} \\ \cdot & & & \\ \cdot & & & \\ \cdot & & & \\ a_{m1} & \ldots & \ldots & a_{mn} \end{pmatrix} = \begin{pmatrix} f \cdot a_{11} & f \cdot a_{12} & \ldots & f \cdot a_{1n} \\ f \cdot a_{21} & f \cdot a_{22} & \ldots & f \cdot a_{2n} \\ \cdot & & & \\ \cdot & & & \\ \cdot & & & \\ f \cdot a_{m1} & \ldots & \ldots & f \cdot a_{mn} \end{pmatrix}$$

Die Definition des Produkts aus einer Matrix mit einer Zahl kann auch sofort aus der Summendefinition gefolgert werden. Betrachtet man nämlich die Summe aus f gleichen Matrizen, wobei f eine natürliche Zahl sein soll, dann erhält man

$$f \cdot \mathfrak{M} = \overbrace{\mathfrak{M} + \mathfrak{M} + \mathfrak{M} + \ldots + \mathfrak{M}}^{\text{f mal}}$$

$$= \begin{pmatrix} \overbrace{a_{11} + a_{11} + a_{11} + \ldots + a_{11}}^{\text{f mal}} & \overbrace{a_{12} + a_{12} \ldots + a_{12}}^{\text{f mal}} & \ldots & \overbrace{a_{1n} + a_{1n} \ldots + a_{1n}}^{\text{f mal}} \\ a_{21} + a_{21} + \ldots \ldots + a_{21} & a_{22} + a_{22} \ldots + a_{22} & \ldots & a_{2n} + a_{2n} \ldots + a_{2n} \\ \cdot & & & \\ \cdot & & & \\ \cdot & & & \\ a_{m1} + a_{m1} + \ldots \ldots + a_{m1} \ldots & \ldots & \ldots & \ldots a_{mn} + a_{mn} \ldots + a_{mn} \end{pmatrix}$$

$$= \begin{pmatrix} f \cdot a_{11} & f \cdot a_{12} & \ldots & f \cdot a_{1n} \\ f \cdot a_{21} & f \cdot a_{22} & \ldots & f \cdot a_{2n} \\ \cdot & & \cdot & \\ \cdot & & \cdot & \\ \cdot & & \cdot & \\ f \cdot a_{m1} & \ldots & \ldots & f \cdot a_{mn} \end{pmatrix}$$

Umgekehrt gilt der Satz:

> *Haben alle Elemente einer Matrix einen gemeinsamen Faktor, so kann man diesen Faktor vor die Matrix ziehen.*

Beispiel:

$$\begin{pmatrix} 24 & 36 & 60 \\ 14 & 22 & 18 \\ 12 & 10 & 20 \end{pmatrix} = 2 \cdot \begin{pmatrix} 12 & 18 & 30 \\ 7 & 11 & 9 \\ 6 & 5 & 10 \end{pmatrix}$$

b) Das Produkt aus zwei einreihigen Matrizen

Es soll nun angenommen werden, daß der erste Lastwagen 20, der zweite 30, der dritte 40 und der vierte 50 Liter Treibstoff auf 100 km verbraucht.

Der Kilometerverbrauch der vier Lastzüge kann dann in der Matrix

$$\mathfrak{v} = (0,2 \ 0,3 \ 0,4 \ 0,5)$$

angegeben werden. Man nennt $\mathfrak{v}$ eine Z e i l e n m a t r i x , da sie nur aus einer Zeile besteht.

Der Wochenverbrauch $\mathfrak{B}$ wird dann berechnet aus

$$\mathfrak{B} = (0,2 \ 0,3 \ 0,4 \ 0,5) \begin{pmatrix} 250 & 320 & 360 & 290 & 410 & 0 \\ 310 & 280 & 420 & 400 & 510 & 240 \\ 190 & 250 & 320 & 330 & 430 & 180 \\ 440 & 450 & 270 & 260 & 380 & 240 \end{pmatrix}$$

wobei die verwendete Schreibweise so zu lesen ist, daß die Elemente der ersten Zeile von $\mathfrak{K}_1$, also alle Tageskilometer des ersten Lastwagens, mit 0,2, dem Kilometerverbrauch des ersten Lastwagens, zu multiplizieren sind. Entsprechend sind die Elemente der zweiten, dritten und vierten Zeile jeweils mit dem zweiten, dritten und vierten Element der Zeilenmatrix zu multiplizieren.

Dieses Verfahren, bei dem jedes Element der Zeilenmatrix mit allen Elementen der zugehörigen Zeile (Spalte) der zweiten Matrix multipliziert wird, soll aber erst in Abschnitt d) dargestellt werden.

Zunächst bietet sich ein einfacherer Weg zur Bestimmung des Wochenverbrauchs an, der hier aufgezeichnet wird, weil er wieder zu einer allgemeinen Definition führt.

In der Matrix $\mathfrak{K}_1$ lassen sich die Elemente jeder Zeile jeweils zusammenfassen; durch Addition der sechs Elemente jeder Zeile erhält man die Wochenkilometerzahl eines jeden Lastwagens. Man kann sie folgendermaßen schreiben:

$$\mathfrak{K}_1 = \begin{pmatrix} 1630 \\ 2160 \\ 1700 \\ 2040 \end{pmatrix}$$

Diese Schreibweise nennt man eine S p a l t e n m a t r i x .

Damit erhält man

$$\mathfrak{B} = (0,2 \ 0,3 \ 0,4 \ 0,5) \cdot \begin{pmatrix} 1630 \\ 2160 \\ 1700 \\ 2040 \end{pmatrix}$$

mit der Anweisung, das erste Element der Zeilenmatrix mit dem ersten Element der Spaltenmatrix zu multiplizieren. Entsprechend sind die zweiten, die dritten und die vierten Elemente jeweils miteinander zu multiplizieren. Die so erhaltenen vier Produkte sind dann zu addieren:

$$\mathfrak{B} = 0,2 \cdot 1630 + 0,3 \cdot 2160 + 0,4 \cdot 1700 + 0,5 \cdot 2040 = 2674.$$

Damit ist ein konkretes Zahlenbeispiel gegeben für die Bildung des Produkts einer einzeiligen Matrix mit einer einspaltigen Matrix, die beide die gleiche Elementenzahl besitzen.

Es wurde das sog. Skalarprodukt aus zwei einreihigen Matrizen gebildet.

c) Das skalare Produkt

Einzeilige Matrizen bezeichnet man auch als Zeilenvektoren[1]), einspaltige als Spaltenvektoren. Multipliziert man nach obigem Beispiel einen solchen Zeilenvektor mit einem Spaltenvektor gleicher Elementenzahl, dann erhält man das skalare Produkt aus beiden Vektoren.

So ist allgemein definiert:

$$(a_1\ a_2\ a_3\ \ldots\ a_n) \cdot \begin{pmatrix} b_1 \\ b_2 \\ b_3 \\ \cdot \\ \cdot \\ \cdot \\ b_n \end{pmatrix} = a_1 b_1 + a_2 b_2 + a_3 b_3 + \ldots + a_n b_n = \sum_{i=1}^{n} a_i b_i$$

d) Das Produkt aus einer Matrix und einer Spaltenmatrix

Das im Abschnitt b) erwähnte Verfahren, alle einzelnen Tageskilometer und den zugehörigen Kilometerverbrauch miteinander zu multiplizieren, soll nun in einer etwas abgeänderten Weise durchgeführt werden, indem die Kilometermatrix $\Re_1$ und die Matrix für den Kilometerverbrauch

$$\mathfrak{v} = (0{,}2\ 0{,}3\ 0{,}4\ 0{,}5)\ \text{in ihrer transponierten Form}\ \Re_1'\ \text{und}\ \mathfrak{v}' = \begin{pmatrix} 0{,}2 \\ 0{,}3 \\ 0{,}4 \\ 0{,}5 \end{pmatrix}$$

skalar miteinander multipliziert werden.

Es ist also das folgende Produkt zu bilden:

$$\begin{pmatrix} 250 & 310 & 190 & 440 \\ 320 & 280 & 250 & 450 \\ 360 & 420 & 320 & 270 \\ 290 & 400 & 330 & 260 \\ 410 & 510 & 430 & 380 \\ 0 & 240 & 180 & 240 \end{pmatrix} \cdot \begin{pmatrix} 0{,}2 \\ 0{,}3 \\ 0{,}4 \\ 0{,}5 \end{pmatrix}$$

Durch die Transponierung hat die erste Matrix vier Spalten und die zweite Matrix vier Zeilen erhalten.

---

[1]) Vektoren sind ursprünglich geometrische Gebilde; in der Ebene und im dreidimensionalen Raum sind es gerichtete Strecken. Betrachtet man sie in einem Koordinatensystem, dann lassen sich zweidimensionale Vektoren durch ein Zahlenpaar, dreidimensionale als Zahlentripel erfassen. In der Verallgemeinerung auf den n-dimensionalen Raum wird ein n-dimensionaler Vektor durch ein „Zahlen-n-Tupel" erfaßt. Umgekehrt kann man einem Zahlenpaar einen zweidimensionalen, einem Zahlentripel einen dreidimensionalen und allgemein einem Zahlen-n-Tupel einen n-dimensionalen Vektor zuordnen.

In der Vektoralgebra nennt man daher eine geordnete Menge von n Zahlen, also jedes Zahlen-n-Tupel, einen n-dimensionalen Vektor oder kurz einen n-Vektor. Solche Vektoren sind dann Sonderfälle von Matrizen, sie sind nichts anderes als einzeilige oder einspaltige, kurz einreihige Matrizen.

So kann man nun sechs skalare Produkte bilden, indem man jede Zeile der ersten Matrix skalar mit der Spaltenmatrix multipliziert. Bei dieser Produktbildung wird das angestrebte Verfahren durchgeführt, denn es wird — wie man aus der nachfolgenden Berechnung der sechs Skalarprodukte leicht erkennen kann — bei der Bildung der einzelnen Teilprodukte jede Tageskilometerzahl mit der zugehörigen Kilometerverbrauchszahl multipliziert.

Die sechs Skalarprodukte ergeben sich folgendermaßen:

$$\text{I.} \quad (250\ 310\ 190\ 440) \cdot \begin{pmatrix} 0{,}2 \\ 0{,}3 \\ 0{,}4 \\ 0{,}5 \end{pmatrix} = \begin{matrix} 250 \cdot 0{,}2 + 310 \cdot 0{,}3 + 190 \cdot 0{,}4 + 440 \cdot 0{,}5 \\ 50 \quad + \quad 93 \quad + \quad 76 \quad + \quad 220 \quad = 439 \end{matrix}$$

$$\text{II.} \quad (320\ 280\ 250\ 450) \cdot \begin{pmatrix} 0{,}2 \\ 0{,}3 \\ 0{,}4 \\ 0{,}5 \end{pmatrix} = \begin{matrix} 320 \cdot 0{,}2 + 280 \cdot 0{,}3 + 250 \cdot 0{,}4 + 450 \cdot 0{,}5 \\ 64 \quad + \quad 84 \quad + \quad 100 \quad + \quad 225 \quad = 473 \end{matrix}$$

$$\text{III.} \quad (360\ 420\ 320\ 270) \cdot \begin{pmatrix} 0{,}2 \\ 0{,}3 \\ 0{,}4 \\ 0{,}5 \end{pmatrix} = \begin{matrix} 360 \cdot 0{,}2 + 420 \cdot 0{,}3 + 320 \cdot 0{,}4 + 270 \cdot 0{,}5 \\ 72 \quad + \quad 126 \quad + \quad 128 \quad + \quad 135 \quad = 461 \end{matrix}$$

$$\text{IV.} \quad (290\ 400\ 330\ 260) \cdot \begin{pmatrix} 0{,}2 \\ 0{,}3 \\ 0{,}4 \\ 0{,}5 \end{pmatrix} = \begin{matrix} 290 \cdot 0{,}2 + 400 \cdot 0{,}3 + 330 \cdot 0{,}4 + 260 \cdot 0{,}5 \\ 58 \quad + \quad 120 \quad + \quad 132 \quad + \quad 130 \quad = 440 \end{matrix}$$

$$\text{V.} \quad (410\ 510\ 430\ 380) \cdot \begin{pmatrix} 0{,}2 \\ 0{,}3 \\ 0{,}4 \\ 0{,}5 \end{pmatrix} = \begin{matrix} 410 \cdot 0{,}2 + 510 \cdot 0{,}3 + 430 \cdot 0{,}4 + 380 \cdot 0{,}5 \\ 82 \quad + \quad 153 \quad + \quad 172 \quad + \quad 190 \quad = 597 \end{matrix}$$

$$\text{VI.} \quad (\ 0\ 240\ 180\ 240) \cdot \begin{pmatrix} 0{,}2 \\ 0{,}3 \\ 0{,}4 \\ 0{,}5 \end{pmatrix} = \begin{matrix} 0 \cdot 0{,}2 + 240 \cdot 0{,}3 + 180 \cdot 0{,}4 + 240 \cdot 0{,}5 \\ 0 \quad + \quad 72 \quad + \quad 72 \quad + \quad 120 \quad = 264 \end{matrix}$$

Schreibt man die Zahlenergebnisse der sechs Skalarprodukte in Form einer sechszeiligen Spaltenmatrix, dann erhält man die Gleichung

$$\begin{pmatrix} 250 & 310 & 190 & 440 \\ 320 & 280 & 250 & 450 \\ 360 & 420 & 320 & 270 \\ 290 & 400 & 330 & 260 \\ 410 & 510 & 430 & 380 \\ 0 & 240 & 180 & 240 \end{pmatrix} \cdot \begin{pmatrix} 0{,}2 \\ 0{,}3 \\ 0{,}4 \\ 0{,}5 \end{pmatrix} = \begin{pmatrix} 439 \\ 473 \\ 461 \\ 440 \\ 597 \\ 264 \end{pmatrix}$$

Addiert man die sechs Elemente der Ergebnismatrix, dann erhält man 2674. Das ist die gleiche Literzahl, die auch im Abschnitt b) auf anderem Wege errechnet wurde. Man erkennt, daß bei der zuletzt durchgeführten Bildung der Skalarprodukte jeweils der Treibstoffverbrauch an einem der Wochentage für die vier Lastwagen zusammen errechnet wurde.

So hat sich an dem Zahlenbeispiel das Prinzip, alle möglichen Skalarprodukte zu bilden, als geeignet erwiesen.

Bei der Bildung von Skalarprodukten muß vorausgesetzt werden, daß die erste Matrix gleich viel Elemente in jeder Zeile hat, wie die zweite Matrix — die Spaltenmatrix — Zeilen aufweist. Die Anzahl der Spalten der ersten Matrix muß gleich der Anzahl der Zeilen der Spaltenmatrix sein. Matrix und Spaltenmatrix müssen miteinander „verkettet" sein.

In allgemeiner Aussage ergibt sich folgende Definition:

> *Das Ergebnis der Multiplikation einer mn-Matrix mit einer Spaltenmatrix aus n Elementen ist eine einspaltige Matrix aus m Elementen, die sich als Ergebnisse der m Skalarprodukte aus jeweils einer Zeile der mn-Matrix mit der Spaltenmatrix ergeben.*

Als Gleichung ausgedrückt, lautet diese Definition:

$$\begin{pmatrix} a_{11} & a_{12} & \cdots & a_{1n} \\ a_{21} & a_{22} & \cdots & a_{2n} \\ & & \vdots & \\ a_{m1} & \cdots & \cdots & a_{mn} \end{pmatrix} \cdot \begin{pmatrix} b_1 \\ b_2 \\ \vdots \\ b_n \end{pmatrix} = \begin{pmatrix} c_1 \\ c_2 \\ \vdots \\ c_m \end{pmatrix} \; {}^{2)}$$

wobei $c_k = a_{k1} \cdot b_1 + a_{k2} \cdot b_2 + \ldots + a_{kn} \cdot b_n = \sum_{i=1}^{n} a_{ki} \cdot b_i$ für $k = 1, 2, \ldots, m$ ist.

Beispielsweise ergibt sich

$$c_3 = (a_{31}\ a_{32}\ \ldots\ a_{3n}) \cdot \begin{pmatrix} b_1 \\ b_2 \\ \vdots \\ b_n \end{pmatrix} = a_{31}\,b_1 + a_{32}\,b_2 + \ldots + a_{3n}\,b_n$$

$$= \sum_{i=1}^{n} a_{3i}\,b_i$$

---

[1] In den Spaltenmatrizen kann man sich auf einen Index beschränken.

e) Das allgemeine Matrizenprodukt — Das Produkt aus zwei miteinander verketteten Matrizen

Aus den im vorhergehenden Abschnitt gewonnenen Erkenntnissen läßt sich nun das allgemeine Matrizenprodukt aufbauen, indem man an die Stelle der Einspaltenmatrix schrittweise eine Matrix mit zwei Spalten, dann eine Matrix mit drei Spalten usw. treten läßt. Unter Beachtung des bewährten Prinzips, daß alle jeweils möglichen Skalarprodukte aus den Zeilenmatrizen der ersten und den Spaltenmatrizen der zweiten Matrix zu bilden sind, ist dann die Auswirkung auf die Ergebnismatrix zu untersuchen.

Erweitert man im Zahlenbeispiel des vorhergehenden Abschnitts die Einspaltenmatrix durch Hinzufügen einer zweiten Spalte zu einer Zweispaltenmatrix, dann ist auch in der Ergebnismatrix die Erweiterung von einer auf zwei Spalten zu erwarten, weil dann entsprechend dem obigen Prinzip sechs weitere Skalarprodukte zu bilden sind.

Damit sich der Vorgang besser nachprüfen und besser durchschauen läßt, wird die zweite Spalte so angenommen, daß ihre Elemente jeweils das Zehnfache der entsprechenden Elemente der ersten Spalte betragen. Es kann dann erwartet werden, daß die Elemente der neu hinzukommenden Ergebnisspalte auch jeweils das Zehnfache der entsprechenden Elemente der ersten Ergebnisspalte betragen.

$$
\begin{pmatrix}
250 & 310 & 190 & 440 \\
320 & 280 & 250 & 450 \\
360 & 420 & 320 & 270 \\
290 & 400 & 330 & 260 \\
410 & 510 & 430 & 380 \\
0 & 240 & 180 & 240
\end{pmatrix}
\cdot
\begin{pmatrix}
0,2 & 2 \\
0,3 & 3 \\
0,4 & 4 \\
0,5 & 5
\end{pmatrix}
=
\begin{pmatrix}
439 & 4390 \\
473 & 4730 \\
461 & 4610 \\
440 & 4400 \\
597 & 5970 \\
264 & 2640
\end{pmatrix}
$$

Eine als dritte Spalte in der zweiten Matrix hinzugefügte Spalte liefert nach dem gleichen Gedankengang eine dritte Spalte in der Ergebnismatrix. Dieses Vorgehen kann man sich allgemein bis zu p Spalten in der zweiten Matrix fortgesetzt denken. Die Ergebnismatrix wächst dann auch auf p Spalten an.

Nimmt man nun in weiterer Verallgemeinerung an, daß die erste Matrix statt aus sechs Zeilen aus m Zeilen besteht, dann erkennt man, daß auch die Ergebnismatrix aus m Zeilen bestehen muß, da sich ja m Skalarprodukte aus jeder der Zeilen der ersten Matrix mit jeweils einer Spalte der zweiten Matrix bilden lassen.

Setzt man schließlich an die Stelle der Anzahl 4 die Anzahl n als Anzahl der Spalten der ersten Matrix und somit wegen der Verkettung auch als Anzahl der Zeilen der zweiten Matrix, dann kann man sagen:

> *Das Produkt aus einer Matrix mit m Zeilen und n Spalten mit einer Matrix aus n Zeilen und p Spalten ist eine Ergebnismatrix aus m Zeilen und p Spalten. Die m · p Elemente der Ergebnismatrix bestehen aus den Skalarprodukten, die jeweils n Summanden enthalten und die aus den m · p möglichen Kombinationen je einer Zeile der ersten Matrix mit einer Spalte der zweiten Matrix gebildet werden können.*

In einer Gleichung schreibt sich dieser Sachverhalt folgendermaßen:

$$
\begin{pmatrix} a_{11} & a_{12} & \cdots & a_{1n} \\ a_{21} & a_{22} & \cdots & a_{2n} \\ \cdot & & & \cdot \\ \cdot & & & \cdot \\ a_{m1} & a_{m2} & \cdots & a_{mn} \end{pmatrix} \cdot \begin{pmatrix} b_{11} & b_{12} & \cdots & b_{1p} \\ b_{21} & b_{22} & \cdots & b_{2p} \\ \cdot & & & \cdot \\ \cdot & & & \cdot \\ b_{n1} & b_{n2} & \cdots & b_{np} \end{pmatrix} = \begin{pmatrix} c_{11} & c_{12} & \cdots & c_{1p} \\ c_{21} & c_{22} & \cdots & c_{2p} \\ \cdot & & & \cdot \\ \cdot & & & \cdot \\ c_{m1} & c_{m2} & \cdots & c_{mp} \end{pmatrix}
$$

wobei

$$
c_{ik} = \sum_{r=1}^{n} a_{ir} \cdot b_{rk} \quad \begin{array}{l} \text{für } i = 1, 2, \ldots, m \\ \text{und } k = 1, 2, \ldots, p \end{array}
$$

So ergibt sich beispielsweise

$$
c_{23} = (a_{21} \ a_{22} \ \ldots \ a_{2n}) \cdot \begin{pmatrix} b_{13} \\ b_{23} \\ \cdot \\ \cdot \\ \cdot \\ b_{n3} \end{pmatrix}
$$

$$
= a_{21} \cdot b_{13} + a_{22} \cdot b_{23} + a_{23} \cdot b_{33} + \ldots + a_{2n} \cdot b_{n3}
$$

$$
= \sum_{r=1}^{n} a_{2r} \cdot b_{r3}
$$

m · p solcher Skalarprodukte bilden die m · p Elemente der Ergebnismatrix.

Damit ist das allgemeine Matrizenprodukt definiert.

f) Beispiele

Bei der Berechnung des Produktes zahlenmäßig gegebener Matrizen kann man sich des Prinzips bedienen, systematisch alle möglichen skalaren Produkte aus jeweils einer Zeile der ersten Matrix mit jeweils einer Spalte der zweiten Matrix zu bilden. Die m Elemente der ersten Spalte der Ergebnismatrix erhält man als Skalarprodukte der m Zeilen der ersten Matrix mit jeweils der ersten Spalte der zweiten Matrix. Die m Elemente der zweiten, der dritten und der weiteren Spalten der Ergebnismatrix ergeben sich als Skalarprodukte aus den m Zeilen der ersten Matrix mit der zweiten, der dritten und den weiteren Spalten der zweiten Matrix.

1. **B e i s p i e l :**

$$
\begin{pmatrix} 5 & 7 \\ 11 & 13 \\ 8 & 9 \\ 15 & 17 \end{pmatrix} \cdot \begin{pmatrix} 6 & 12 & 23 \\ 14 & 4 & 9 \end{pmatrix} = \begin{pmatrix} (5\;\;7)\cdot\begin{pmatrix}6\\14\end{pmatrix} & (5\;\;7)\cdot\begin{pmatrix}12\\4\end{pmatrix} & (5\;\;7)\cdot\begin{pmatrix}23\\9\end{pmatrix} \\ (11\;\;13)\cdot\begin{pmatrix}6\\14\end{pmatrix} & (11\;\;13)\cdot\begin{pmatrix}12\\4\end{pmatrix} & (11\;\;13)\cdot\begin{pmatrix}23\\9\end{pmatrix} \\ (8\;\;9)\cdot\begin{pmatrix}6\\14\end{pmatrix} & (8\;\;9)\cdot\begin{pmatrix}12\\4\end{pmatrix} & (8\;\;9)\cdot\begin{pmatrix}23\\9\end{pmatrix} \\ (15\;\;17)\cdot\begin{pmatrix}6\\14\end{pmatrix} & (15\;\;17)\cdot\begin{pmatrix}12\\4\end{pmatrix} & (15\;\;17)\cdot\begin{pmatrix}23\\9\end{pmatrix} \end{pmatrix}
$$

Nach Berechnung der Skalarprodukte, z. B.

$$
(5\;\;7)\cdot\begin{pmatrix}6\\14\end{pmatrix} = 5\cdot6 + 7\cdot14 = 128
$$

$$
(11\;\;13)\cdot\begin{pmatrix}6\\14\end{pmatrix} = 11\cdot6 + 13\cdot14 = 248
$$

erhält man

$$
\begin{pmatrix} 5 & 7 \\ 11 & 13 \\ 8 & 9 \\ 15 & 17 \end{pmatrix} \cdot \begin{pmatrix} 6 & 12 & 23 \\ 14 & 4 & 9 \end{pmatrix} = \begin{pmatrix} 128 & 88 & 178 \\ 248 & 184 & 370 \\ 174 & 132 & 265 \\ 328 & 248 & 498 \end{pmatrix}
$$

2. **B e i s p i e l :**

$$
\mathfrak{A} = \begin{pmatrix} 1 & 2 & 3 & 4 & 5 \\ 6 & 7 & 8 & 9 & 10 \\ 11 & 12 & 13 & 14 & 15 \end{pmatrix} \qquad \mathfrak{B} = \begin{pmatrix} 16 & 17 \\ 18 & 19 \\ 20 & 21 \\ 22 & 23 \\ 24 & 25 \end{pmatrix}
$$

Die Ergebnismatrix muß drei Zeilen und zwei Spalten haben:

$$
\mathfrak{A} \cdot \mathfrak{B} = \begin{pmatrix} c_{11} & c_{12} \\ c_{21} & c_{22} \\ c_{31} & c_{32} \end{pmatrix}
$$

wobei sich beispielsweise ergibt:

$$
c_{11} = (1\;2\;3\;4\;5)\cdot\begin{pmatrix}16\\18\\20\\22\\24\end{pmatrix} = \begin{aligned} &1\cdot16 + 2\cdot18 + 3\cdot20 + 4\cdot22 + 5\cdot24 \\ &= 16 + 36 + 60 + 88 + 120 = 320 \end{aligned}
$$

$$c_{32} = (11\ 12\ 13\ 14\ 15) \cdot \begin{pmatrix} 17 \\ 19 \\ 21 \\ 23 \\ 25 \end{pmatrix}$$

$$= 11 \cdot 17 + 12 \cdot 19 + 13 \cdot 21 + 14 \cdot 23 + 15 \cdot 25$$

$$= 187 + 228 + 273 + 322 + 375 = 1385$$

So erhält man

$$\begin{pmatrix} 1 & 2 & 3 & 4 & 5 \\ 6 & 7 & 8 & 9 & 10 \\ 11 & 12 & 13 & 14 & 15 \end{pmatrix} \cdot \begin{pmatrix} 16 & 17 \\ 18 & 19 \\ 20 & 21 \\ 22 & 23 \\ 24 & 25 \end{pmatrix} = \begin{pmatrix} 320 & 335 \\ 820 & 860 \\ 1320 & 1385 \end{pmatrix}$$

3. Beispiel:

Zum Schluß soll noch einmal auf die Tageskilometer-Matrix der vier Lastwagen eingegangen werden. Es wird nun angenommen, daß der im ersten Lastwagen benutzte Treibstoff 0,60 DM/l kostet; die Literpreise für den Kraftstoff des zweiten, dritten und vierten Lastzuges seien 0,50, 0,40 und 0,20 DM/l. Unter Berücksichtigung des betreffenden Kilometerverbrauchs erhält man Treibstoff-Kilometerkosten von 0,12 DM, 0,15 DM, 0,16 DM und 0,10 DM. Den Fahrern sollen Kilometergelder in Höhe von 0,20 DM, 0,10 DM, 0,15 DM und 0,11 DM gewährt werden.

Bei einem Anschaffungspreis von 150 000 DM und einer voraussichtlichen Gesamtleistung von 300 000 km beträgt die Leistungsabschreibung für den ersten Lastzug 0,50 DM/km. Die entsprechenden Leistungsabschreibungen für den zweiten, dritten und vierten Lastwagen seien 0,05 DM/km, 0,6 DM/km und 0,4 DM/km.

Man kann die aufgeführten Kosten je Kilometer kürzer und übersichtlicher in Spaltenmatrizen angeben:

Treibstoff- kosten	Kilometergelder für den Fahrer	Leistungs- abschreibung
$\begin{pmatrix} 0{,}12 \\ 0{,}15 \\ 0{,}16 \\ 0{,}10 \end{pmatrix}$	$\begin{pmatrix} 0{,}2 \\ 0{,}1 \\ 0{,}15 \\ 0{,}11 \end{pmatrix}$	$\begin{pmatrix} 0{,}5 \\ 0{,}05 \\ 0{,}6 \\ 0{,}4 \end{pmatrix}$

Jede dieser Kostenmatrizen könnte man, wie es im Abschnitt c) mit der Treibstoffverbrauch-Matrix geschah, mit der Kilometer-Matrix $\mathfrak{K}_1$ multiplizieren. Dann erhielte man Ergebnismatrizen, deren Elemente die Gesamttreibstoffkosten, Gesamtkilometergelder und Gesamtleistungsabschreibungen für die einzelnen Tage darstellen. Man kann aber auch die drei Spaltenmatrizen zu einer Matrix zusammenfügen und die so erhaltene Kostenmatrix mit der Kilometermatrix multiplizieren.

So erhält man:

$$
\begin{pmatrix}
250 & 310 & 190 & 440 \\
320 & 280 & 250 & 450 \\
360 & 420 & 320 & 270 \\
290 & 400 & 330 & 260 \\
410 & 510 & 430 & 380 \\
0 & 240 & 180 & 240
\end{pmatrix}
\cdot
\begin{pmatrix}
0,12 & 0,2 & 0,5 \\
0,15 & 0,1 & 0,05 \\
0,16 & 0,15 & 0,6 \\
0,10 & 0,11 & 0,4
\end{pmatrix}
=
\begin{pmatrix}
150,9 & 157,9 & 430,5 \\
165,4 & 179 & 504 \\
184,4 & 191,7 & 501 \\
173,6 & 176,1 & 467 \\
232,5 & 239,3 & 640,5 \\
88,8 & 77,4 & 216
\end{pmatrix}
$$

Beispielsweise ergibt sich das Element 184,4 in der dritten Zeile der ersten Spalte der Ergebnismatrix als skalares Produkt aus der dritten Zeile der ersten Matrix und der ersten Spalte der zweiten Matrix:

$$
(360 \quad 420 \quad 320 \quad 270) \cdot
\begin{pmatrix}
0,12 \\
0,15 \\
0,16 \\
0,10
\end{pmatrix}
= 360 \cdot 0,12 + 420 \cdot 0,15 + 320 \cdot 0,16 + 270 \cdot 0,1 = 184,4
$$

In der Ergebnismatrix erscheinen in der ersten Spalte die Treibstoffkosten, die an den sechs Wochentagen angefallen sind. Für die gesamte Woche ergeben sich so als Summe der sechs Elemente 995,60 DM Treibstoffkosten. In der zweiten Spalte erscheinen die an den sechs Tagen zu zahlenden Kilometergelder, insgesamt 1021,40 DM. Die dritte Spalte gibt die Leistungsabschreibungen für die sechs Tage an; für die gesamte Woche sind 2759 DM für die vier Fahrzeuge anzusetzen.

In der betrachteten Woche haben die vier Fahrzeuge 4776 DM an Gesamtkosten für Treibstoff, Kilometergelder und Abschreibungen verursacht.

B. Lineare Programmierung

Man spricht von linearer Programmierung oder auch von Linearplanung, wenn sich die bei Produktionsprozessen auftretenden Bedingungen mathematisch in linearen Ungleichungssystemen erfassen lassen und sich auch die zu optimierende Größe als lineare Funktion darstellen läßt.

Der einfachste Fall liegt vor, wenn in den Ungleichungen und in der Funktion nur zwei Variable auftreten. Dann kann das Problem in der Ebene geometrisch veranschaulicht und gelöst werden.

I. Einführungsbeispiel aus der Landwirtschaft

Ein Landwirt will auf 40 ha Lößboden, die er mit Zuckerrüben oder Weizen bestellen kann, den größtmöglichen Gewinn erwirtschaften. Er kann 2400 DM und 312 Arbeitstage einsetzen und ist bereit, eventuell einen Teil des Bodens nicht zu bestellen. Erfahrungsgemäß weiß er, daß die Anbaukosten bei Rüben 40 DM und bei Weizen 120 DM pro ha betragen und für Rüben 7, für Weizen 12 Arbeitstage pro ha benötigt werden.

Der Reingewinn pro ha beträgt bei Rüben 100 DM und bei Weizen 250 DM. Welche Fläche muß er mit Rüben, welche mit Weizen bebauen?[4]

1. Aufstellung des Ungleichungssystems
und seine geometrische Veranschaulichung

Bezeichnet man mit x die Anzahl der mit Rüben, mit y die Anzahl der mit Weizen zu bestellenden ha, dann kann man aus den gegebenen Informationen folgende Ungleichungen aufstellen:

$$
\begin{array}{lrrl}
\text{I:} & x + & y & \leq 40 \\
\text{II:} & 7x + & 12y & \leq 312 \\
\text{III:} & 40x + & 120y & \leq 2400 \\
\text{IV:} & & x & \geq 0 \\
\text{V:} & & y & \geq 0
\end{array}
$$

Es ist nun das Wertepaar (x;y) gesucht, das jede der 5 Ungleichungen erfüllt und den Gewinn maximal werden läßt. Es soll also

$$G(x;y) = 100 \cdot x + 250 \cdot y$$

den größtmöglichen Wert annehmen.

---

[4] Das unrealistische Verhältnis der Arbeitstage für Rüben und Weizen wurde gewählt, um die geometrische Veranschaulichung klarer heraustreten zu lassen.

Die damit gestellte Aufgabe ist rechnerisch nicht lösbar. Man geht deshalb
so vor, daß man sich die Erfüllungsmenge des Ungleichungssystems in
einer xy-Ebene geometrisch veranschaulicht. Das dabei anzuwendende
Verfahren ist im Kapitel über die Grundbegriffe der Mengenlehre ein-
gehend dargelegt und begründet.

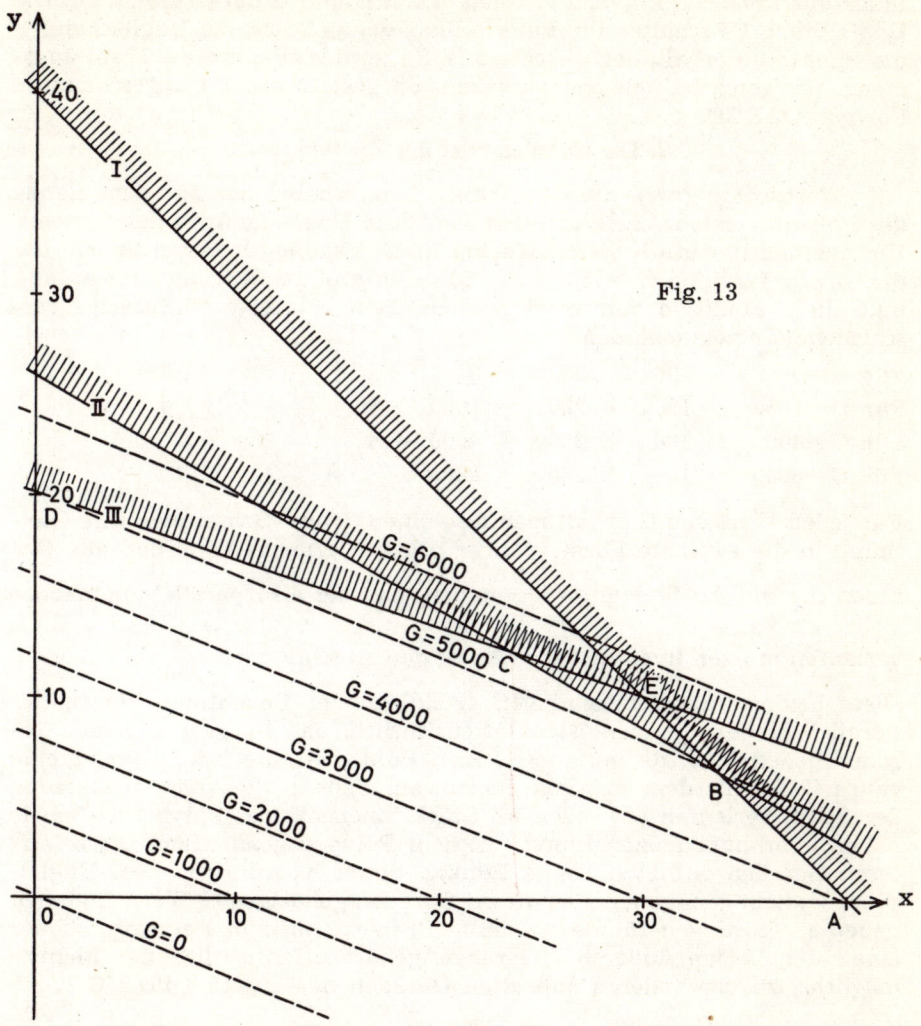

Fig. 13

In der Zeichnung (siehe Fig. 13) wird erkennbar, daß die Erfüllungsmenge
der Ungleichung I dargestellt wird durch alle Punkte der Halbebene links
von der Geraden I (x + y = 40) einschließlich der Punkte der Geraden.
Die Erfüllungsmenge der Ungleichung II wird dargestellt durch die unterhalb der Geraden II gelegene Halbebene einschließlich der Punkte dieser

---

In den Figuren 13, 15, 16, 17, 18 und 22 sind durch ein technisches Versehen die Schraffen
aufsitzend gezeichnet worden. Gemäß der auf Seite 14 getroffenen Vereinbarung dürfen
sie nicht aufsitzen.

Geraden. Der Durchschnitt der Erfüllungsmengen der beiden ersten Ungleichungen ist das nicht schraffierte Winkelfeld zwischen den beiden Geraden I und II mit dem Schnittpunkt B als Scheitel. Die Ungleichung III beschneidet das Winkelfeld vom Punkte C an, so daß nun die Erfüllungsmenge des Durchschnitts der drei ersten Ungleichungen von dem nach links unten offenen Polygon mit den Ecken B und C dargestellt wird. Die Ungleichung IV schaltet alle Punkte links der y-Achse, die Ungleichung V die Punkte unterhalb der x-Achse aus. So wird schließlich die Erfüllungsmenge des ganzen Ungleichungssystems dargestellt durch das geschlossene Polygon OABCD.

2. Die Geradenschar der Zielfunktion

Alle Wertepaare (x;y), die den Punkten innerhalb oder auf dem Rande des Polygons entsprechen, erfüllen sämtliche Ungleichungen des Systems. Um aus den unendlich vielen Wertepaaren dasjenige herauszufinden, das die Gewinnfunktion $G = 100\,x + 250\,y$ den größten Wert annehmen läßt, muß diese Funktion betrachtet werden. Man läßt G versuchsweise verschiedene Werte annehmen:

Für $G = 0$: $100x + 250y = 0$ $\rightarrow y = -\frac{2}{5}\,x$

Für $G = 1000$: $100x + 250y = 1000 \rightarrow y = -\frac{2}{5}\,x + 4$

Für $G = 4000$: $100x + 250y = 4000 \rightarrow y = -\frac{2}{5}\,x + 16$

Für $G = 8000$: $100x + 250y = 8000 \rightarrow y = -\frac{2}{5}\,x + 32$

Für jeden Wert von G erhält man also eine Gerade. Bringt man ihre Gleichung in die explizite Form $y = mx + n$, dann erkennt man, daß alle Geraden die gleiche Steigung $-\frac{2}{5}$ haben, daß sie also parallel zueinander verlaufen müssen und auf der y-Achse den Abschnitt $n = \frac{G}{250}$ abschneiden.

Diese beiden Tatsachen sind von grundlegender Bedeutung. Wegen der Parallelität der Geraden ist es offensichtlich, daß es zwei äußerste Geraden geben muß, die nur noch einen Punkt — eine Ecke — oder eine ganze Seite mit dem Polygon gemeinsam haben; alle anderen Geraden der Schar verlaufen entweder ein Stück innerhalb des Polygons oder sie haben überhaupt keinen Punkt mit dem Polygon gemeinsam. Diese letzteren Geraden enthalten keine Punkte, deren Koordinaten dem Ungleichungssystem genügen; die zu diesen Geraden gehörigen G-Werte kommen daher als Lösungen für das gestellte Problem nicht in Betracht. Zu der einen der beiden äußersten Geraden gehört offensichtlich der kleinstmögliche, zu der anderen äußersten Geraden der größtmögliche G-Wert.

3. Geometrische und rechnerische Bestimmung der optimalen Lösungen

Im vorliegenden Fall verläuft die eine der äußersten Geraden der Schar durch den Punkt (0;0); ihr Abschnitt auf der y-Achse ist gleich Null; also muß auch G gleich Null sein. Das ergibt sich auch aus der G-Funktion, denn für den Wert (0;0) wird $G = 100x + 250y = 0$. Damit wird rechnerisch und zeichnerisch die Tatsache bestätigt, daß der Bauer den kleinstmöglichen Gewinn 0 erzielt, wenn er weder Rüben noch Weizen anbaut.

Die zweite äußerste Gerade der Parallelenschar geht offensichtlich durch die Ecke C des Polygons. Zu dieser Geraden muß der größte G-Wert gehören, der in diesem System möglich ist. Die Koordinaten von C müssen dasjenige (x;y)-Wertepaar darstellen, das die G-Funktion den maximalen Wert annehmen läßt.

Aus der Zeichnung kann man die Koordinaten von C ablesen mit x = 24 und y = 12. Setzt man diese Werte in die G-Funktion G = 100x + 250y ein, dann erhält man G = 5400.

Der Landwirt würde also bei den gegebenen Beschränkungen den größtmöglichen Gewinn in Höhe von 5400 DM erzielen, wenn er 24 ha mit Rüben und 12 ha mit Weizen bestellt. Er würde dann 4 ha brach liegen lassen. Bei dieser Kombination hat er aber seine Geldmittel und die verfügbaren Arbeitstage voll eingesetzt.

An der Ecke B, die auch zur Erfüllungsmenge des Ungleichungssystems gehört, würde er dagegen 34 ha mit Rüben und 6 ha mit Weizen bebauen und damit den Boden restlos ausnutzen — B liegt auf der Geraden I — und auch die Arbeitstage wären voll ausgenutzt — B liegt auch auf der Geraden II — aber er würde nur einen Gewinn von 34 · 100 + 6 · 250 = 4900 DM erzielen. Er hätte dann nämlich seine Geldmittel nur mit 34 · 40 + 6 · 120 = 2080 DM eingesetzt.

Betrachtet man den Schnittpunkt E der Geraden I mit der Geraden III (30;10), dann würde der Landwirt bei dieser Kombination sein verfügbares Kapital vollständig einsetzen und den gesamten Boden bestellen. Der erwirtschaftete Gewinn betrüge

$$30 \cdot 100 + 10 \cdot 250 = 5500 \text{ DM.}$$

Es werden dabei

$$7 \cdot 30 + 12 \cdot 10 = 330 \text{ Arbeitstage}$$

benötigt, die ihm jedoch nach den genannten Voraussetzungen nicht zur Verfügung stehen.

In der Zeichnung kommt dieser Tatbestand darin zum Ausdruck, daß der Punkt (30;10) außerhalb des die Erfüllungsmenge darstellenden Polygons liegt.

Die Entnahme der Koordinaten eines Punktes aus einer Zeichnung ist nur mit beschränkter Genauigkeit möglich. Sie lassen sich aber r e c h - n e r i s c h ermitteln, wenn man beispielsweise für den Punkt C aus der Zeichnung entnimmt, daß C der Schnittpunkt der Geraden II mit der Geraden III ist.

Zur Geraden II gehört die Gleichung

$$\text{II: } 7x + 12y = 312,$$

zur Geraden III gehört die Gleichung

$$\text{III: } 40x + 120y = 2400.$$

Die Koordinaten x_c und y_c des Schnittpunktes C müssen die Funktionsgleichungen der beiden Geraden erfüllen. So erhält man für x_c und y_c die beiden Bestimmungsgleichungen:

$$7x_c + 12y_c = 312$$
$$40x_c + 120y_c = 2400$$

Die Auflösung dieser beiden Gleichungen mit zwei Unbekannten nach einer der bereits dargelegten Methoden liefert die Werte $x_c = 24$ und $y_c = 12$.

Also hat der Schnittpunkt der Geraden II mit der Geraden III, und damit die Ecke C des Polygons die Koordinaten (24;12). Wegen ihrer Ganzzahligkeit stimmen sie in diesem Fall mit den aus der Zeichnung entnommenen Werten genau überein.

II. Ein Transportproblem

Von der Schachtanlage I eines Bergbauunternehmens sollen täglich 2000 t und von der Schachtanlage II 1200 t Kohle an drei Verbraucher so verteilt werden, daß Verbraucher (1) 1000 t, Verbraucher (2) 1400 t und Verbraucher (3) 800 t erhält.

Welche Mengen müssen von den Schachtanlagen zu den einzelnen Verbrauchern transportiert werden, wenn die Gesamttransportkosten möglichst niedrig gehalten werden sollen und wenn folgende Tabellenwerte für die Transportkosten in DM pro Tonne gelten:

	V(1)	V(2)	V(3)
S I	14	10	16
SII	4	6	8

1. Ermittlung der Zielfunktion

Setzt man an, daß vom Schacht I x Tonnen Kohle zum Verbraucher (1) und y Tonnen Kohle zum Verbraucher (2) transportiert werden, dann kann man die Gesamtverteilung schematisch folgendermaßen darstellen (Fig. 14):

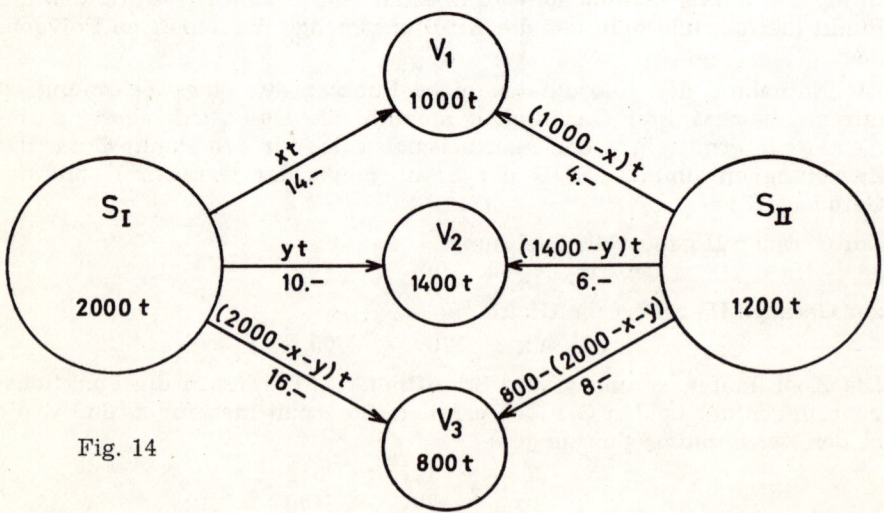

Fig. 14

Aus dieser Zeichnung kann man die gesamten Transportkosten K ablesen:

$$K = 14x + 10y + 16 \cdot (2000-x-y) + 4 \cdot (1000-x) + 6 \cdot (1400-y) + 8 \cdot [800-(2000-x-y)]$$

$$K = 2x - 4y + 34800$$

2. Bestimmung des Kostenminimums

Es ist nun das Wertepaar (x;y) zu bestimmen, welches K den kleinstmöglichen Wert annehmen läßt unter Beachtung der gegebenen Bedingungen, die sich im folgenden Ungleichungssystem festhalten lassen:

I: $x \leq 1000$ (V_1 kann höchstens 1000 t aufnehmen)

II: $y \leq 1400$ (V_2 kann höchstens 1400 t aufnehmen)

III: $x+y \leq 2000$ (Halde I kann höchstens 2000 t abgeben)

IV: $x+y \geq 1200$ (V_3 könnte von Halde I höchstens 800 t aufnehmen, also muß Halde I an V_1 und V_2 zusammen mindestens 1200 t liefern)

V: $y \geq 0$

VI: $x \geq 0$

Die Darstellung dieses Ungleichungssystems in der xy-Ebene liefert **das** Polygon ABCDE (s. Fig. 15).

Die Kostenfunktion K = 2 x — 4 y + 34800 kann man umformen in

$$y = \tfrac{1}{2} x + \frac{34800 - K}{4}$$

Läßt man K darin verschiedene Werte annehmen, dann erhält man eine Schar paralleler Geraden, welche die Steigung $\tfrac{1}{2}$ haben und auf der y-Achse den Abschnitt $n = \dfrac{34800 - K}{4}$ abschneiden.

Man erkennt, daß n größer wird, wenn K kleiner wird. Zeichnet man also etwa die Gerade, die sich für K = 33 000 ergibt, und verschiebt man sie parallel zu sich selbst nach oben, dann erhält man Geraden, zu denen kleinere K-Werte gehören.

Der kleinstmögliche K-Wert wird von der Geraden erreicht, die durch die Ecke D des Polygons geht. So erkennt man, daß die Koordinaten von D die K-Funktion den kleinstmöglichen Wert in dem durch das Polygon veranschaulichten Definitionsbereich annehmen lassen.

Da D der Schnittpunkt der Geraden II mit der y-Achse ist, können seine Koordinaten sofort mit (0;1400) abgelesen werden. Setzt man in der obigen schematischen Darstellung für x den Wert 0 und für y den Wert 1400 ein, dann erhält man die jeweiligen Transportmengen, die sich in der folgenden Tabelle zusammenstellen lassen:

	V_1	V_2	V_3
S I	0	1400	600
S II	1000	0	200

Die bei dieser Verteilung auftretenden Gesamtkosten ergeben sich danach mit

$$K = 14 \cdot 0 + 10 \cdot 1400 + 16 \cdot 600 + 4 \cdot 1000 + 6 \cdot 0 + 8 \cdot 200$$
$$= 14000 + 9600 + 4000 + 1600$$
$$= \underline{29200 \text{ DM}}$$

3. Bestimmung eines Gewinnmaximums

Mit dem gegebenen Zahlenspiel kann eine zweite Optimierungsaufgabe durchgeführt werden, wenn man annimmt, daß die Zahlen in der ersten Tabelle dieses Beispiels die Reingewinne pro Tonne bedeuten sollen, die der Besitzer der Schachtanlagen bei Lieferung an die jeweiligen Verbraucher nach Abzug aller Kosten erzielen kann.

Es soll jetzt die Frage beantwortet werden, wie er die Verteilung durchführen muß, wenn er den größtmöglichen Gewinn erzielen will. Die Verbraucher sollen die gleichen Mengen erhalten, und die Schachtanlagen sollen die gleichen Mengen abgeben wie im ersten Beispiel.

Durchdenkt man diese Aufgabe, dann erkennt man, daß das gleiche Ungleichungssystem und damit das gleiche Polygon gilt. Man erhält auch die gleiche Funktion für den Gewinn:

$$G = 2x - 4y + 34800$$

Um in der Zeichnung (siehe Fig. 15) die Gerade zu erhalten, zu welcher der größte G-Wert gehört, muß man die unterste Gerade der Parallelenschar, die noch mit dem Polygon Kontakt hat, bestimmen. Es ist die Gerade, die durch den Punkt A geht. Seine Koordinaten ergeben sich als die des Schnittpunktes der Geraden I und der Geraden IV mit (1000;200). Setzt man diese Werte ($x = 1000$ und $y = 200$) in die Gewinnfunktion ein, dann erhält man den größtmöglichen Gewinn mit

$$G = 2 \cdot 1000 - 4 \cdot 200 + 34\,800 = 36\,000 \text{ DM,}$$

wenn die Transporte folgendermaßen dirigiert werden:

	V_1	V_2	V_3
S I	1000	200	800
S II	0	1200	0

Der bei einer Verteilung nach dieser Tabelle erzielbare Gewinn errechnet sich dann mit

$$G = 14 \cdot 1000 + 10 \cdot 200 + 16 \cdot 800 + 4 \cdot 0 + 6 \cdot 1200 + 8 \cdot 0$$
$$= 14\,000 + 2000 + 12\,800 + 7200$$
$$= \underline{36\,000 \text{ DM}}$$

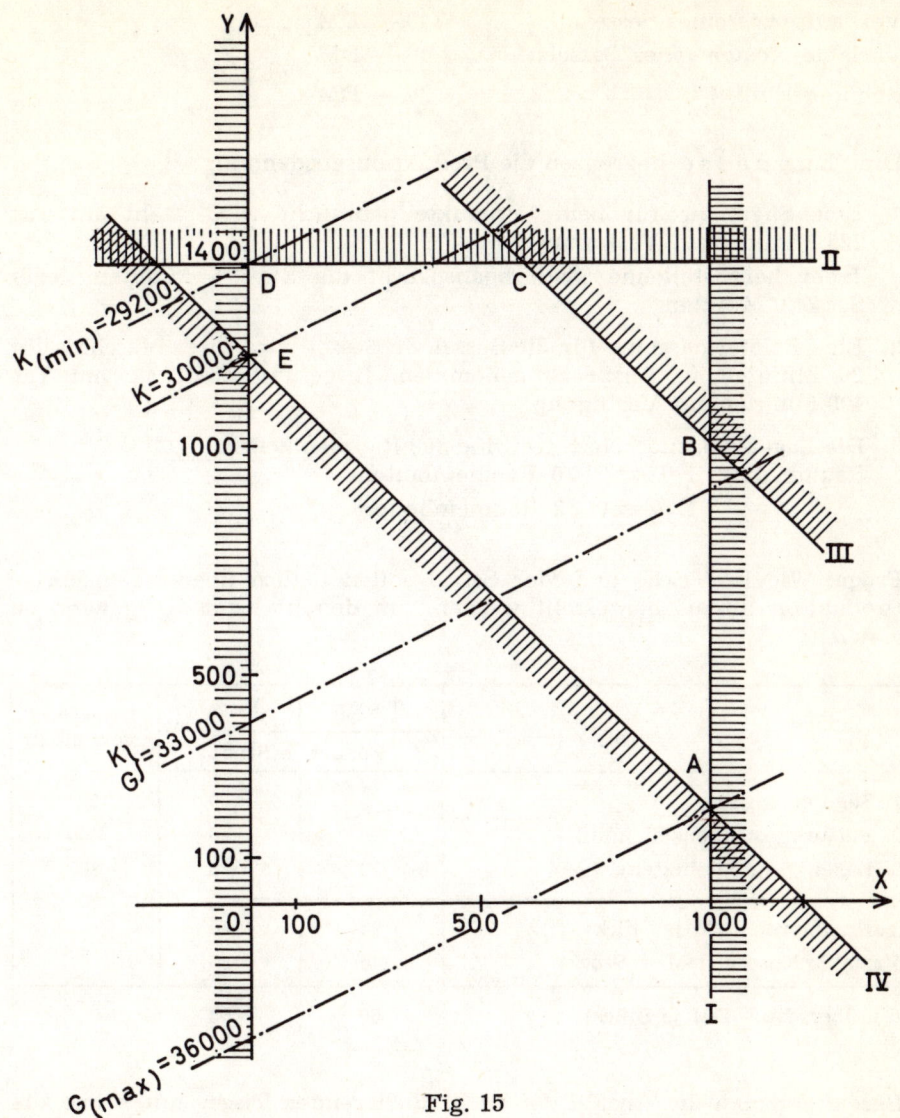

Fig. 15

III. Ein Beispiel aus einem Produktionsprozeß

Eine Möbelfabrik hat freie Kapazitäten, die gewinnbringend genutzt werden sollen. Die Fabrik stellt mehrere Erzeugnisse her, aber nur bei zweien, nämlich bei Tischen und Sesseln, ist die Produktion kurzfristig steigerungsfähig.

Verkaufserlös eines Tisches:	95,— DM
Variable Kosten eines Tisches:	45,— DM
Rohüberschuß	50,— DM

Verkaufserlös eines Sessels: 140,— DM
Variable Kosten eines Sessels: 80,— DM
Rohüberschuß   60,— DM

Drei E n g p ä s s e begrenzen die Produktionsausdehnung:

1. Eine Säge, die für beide Produkte gebraucht wird, steht am Tag 225 Minuten zur Verfügung.
   Jeder herzustellende Tisch beansprucht die Säge 5 Minuten, jeder Sessel 9 Minuten.

2. Eine Polstermaschine für die Sessel. Je Sessel wird diese Maschine für 20 Minuten in Anspruch genommen. Insgesamt steht sie am Tag 400 Minuten zur Verfügung.

3. Die Lagerkapazität. Noch frei sind 300 Raumeinheiten.
   Raumbedarf: 1 Tisch   10 Raumeinheiten
               1 Sessel   3 Raumeinheiten

Frage: Wieviel Tische und/oder Sessel sollen täglich über die bisherige Produktion hinaus hergestellt werden, um den höchsten Rohgewinn zu erzielen?

	Tische	Sessel	Insgesamt verfügbar
	Bedarf je Stück		
1. Sägezeit (min)	5	9	225
2. Polstermaschinenzeit (min)	—	20	400
3. Lager (Raumeinheiten)	10	3	300
Verkaufspreis (DM je Stück)	95	140	
Variable Kosten (DM je Stück)	45	80	
Rohüberschuß (DM je Stück)	50	60	

Bezeichnet man die Anzahl der zu produzierenden Tische mit x und die der Sessel mit y, dann können die angegebenen Beschränkungen in folgendem Ungleichungssystem ausgedrückt werden:

$$\text{I} \quad 5x + 9y \leq 225$$
$$\text{II} \quad\quad\quad 20y \leq 400$$
$$\text{III} \quad 10x + 3y \leq 300.$$

Es ergibt sich die Gewinnfunktion

$$G = 50x + 60y$$

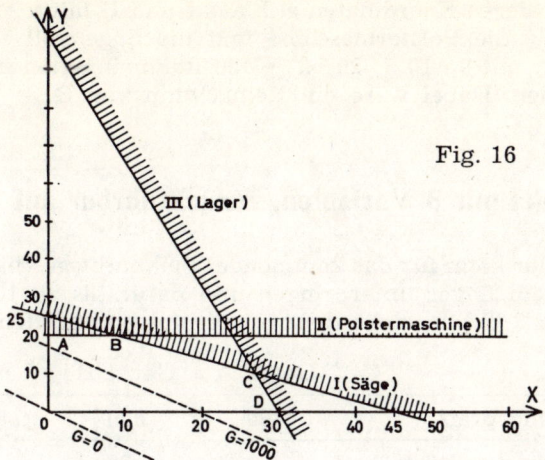

Fig. 16

In der graphischen Darstellung (siehe Fig. 16) wird das Ungleichungssystem durch das Polygon O A B C D veranschaulicht; die Gewinnfunktion liefert z. B. für G = 1000 eine Gerade, die die x-Achse im Punkte 20 und die y-Achse im Punkte 16 $\frac{2}{3}$ schneidet, denn aus 1000 = 50x + 60y ergibt sich für x = 0 → y = 16 $\frac{2}{3}$ und für y = 0 → x = 20. Die Ecke C des Polygons ist offensichtlich der Punkt, durch den die Gerade geht, die zu dem größtmöglichen G-Wert gehört. Aus der Zeichnung kann man entnehmen, daß die x-Koordinate von C etwa 27, die y-Koordinate etwa 10 ist.

Rechnerisch ergeben sich die Koordinaten der Ecke C durch Auflösung des Systems der beiden Gleichungen I und III, denn die Ecke C ist der Schnittpunkt der Geraden I und III.

$$
\begin{array}{rrcr}
\text{I.} & 5x + 9y &=& 225 \\
\text{III.} & 10x + 3y &=& 300 \\
\hline
& -15y &=& -150 \\
& y &=& 10 \\
& 5x + 90 &=& 225 \\
& x &=& 27
\end{array}
$$

Es sind also täglich 27 Tische und 10 Sessel herzustellen. Dabei wird ein Gewinn von

$$G = 27 \cdot 50 + 10 \cdot 60 = 1950,\text{— DM}$$

erzielt. Die Kapazität der Säge wird bei dieser Produktionsgestaltung mit

$$27 \cdot 5 + 10 \cdot 9 = 225 \text{ Minuten}$$

und die Kapazität des Lagers mit

$$27 \cdot 10 + 10 \cdot 3 = 300 \text{ Raumeinheiten}$$

voll ausgenutzt, während die Polstermaschine mit

$$10 \cdot 20 = 200 \text{ Minuten}$$

nur zur Hälfte genutzt wird.

In der Ecke B, deren Koordinaten sich aus I und II mit $x = 9$ und $y = 20$ ergeben, würde die Polstermaschine und die Säge voll ausgelastet, das Lager aber nur mit $9 \cdot 10 + 20 \cdot 3 = 150$ Raumeinheiten in Anspruch genommen werden. Dabei wäre ein Reingewinn von $G = 1650,— DM$ zu erzielen.

IV. Beispiel mit 3 Variablen, zurückführbar auf 2 Variable

Ein Großhändler kann für das kommende Weihnachtsgeschäft 200 Elektrogeräte in seinem Lager unterbringen und dafür bis zu 106 000 DM einsetzen. Er will 3 Typen einkaufen, für die folgende Daten gegeben sind:

	Gerät A	Gerät B	Gerät C
Einstandspreis	400	500	600
Gewinn pro Stück	50	70	80
Mindestabnahmezahl	25	10	20
Eingelagerte Zahl	x	y	z

Wie wird er sein Lager sortieren, wenn er einen möglichst hohen Gewinn erzielen will?

Aus den vorgegebenen Bedingungen sind folgende Ungleichungen aufzustellen:

$$\text{I} \qquad x + y + z \leqq 200$$
$$\text{II} \qquad 400x + 500y + 600z \leqq 106\,000$$
$$\text{III} \qquad x \geqq 25$$
$$\text{IV} \qquad y \geqq 10$$
$$\text{V} \qquad z \geqq 20$$

Nimmt man an, daß der Großhändler seine Lagerkapazität voll ausnutzen will, dann muß er 200 Geräte kaufen, und man erhält aus der Ungleichung I die Gleichung $x + y + z = 200$ und daraus $x = 200 — y — z$.

Setzt man diesen Wert für x in die Ungleichungen II bis V ein, dann erhält man nach Zusammenfassung und Umformung

$$\text{II} \qquad y + 2z \leqq 260$$
$$\text{III} \qquad y + z \leqq 175$$
$$\text{IV} \qquad y \geqq 10$$
$$\text{V} \qquad z \geqq 20$$

Die geometrische Veranschaulichung (siehe Fig. 17) dieses Ungleichungssystems in der yz-Ebene liefert das Polygon $P_0P_1P_2P_3$. Alle yz-Zahlenpaare, deren zugehörige Punkte innerhalb oder auf dem Rande dieses Polygons liegen, erfüllen das Ungleichungssystem.

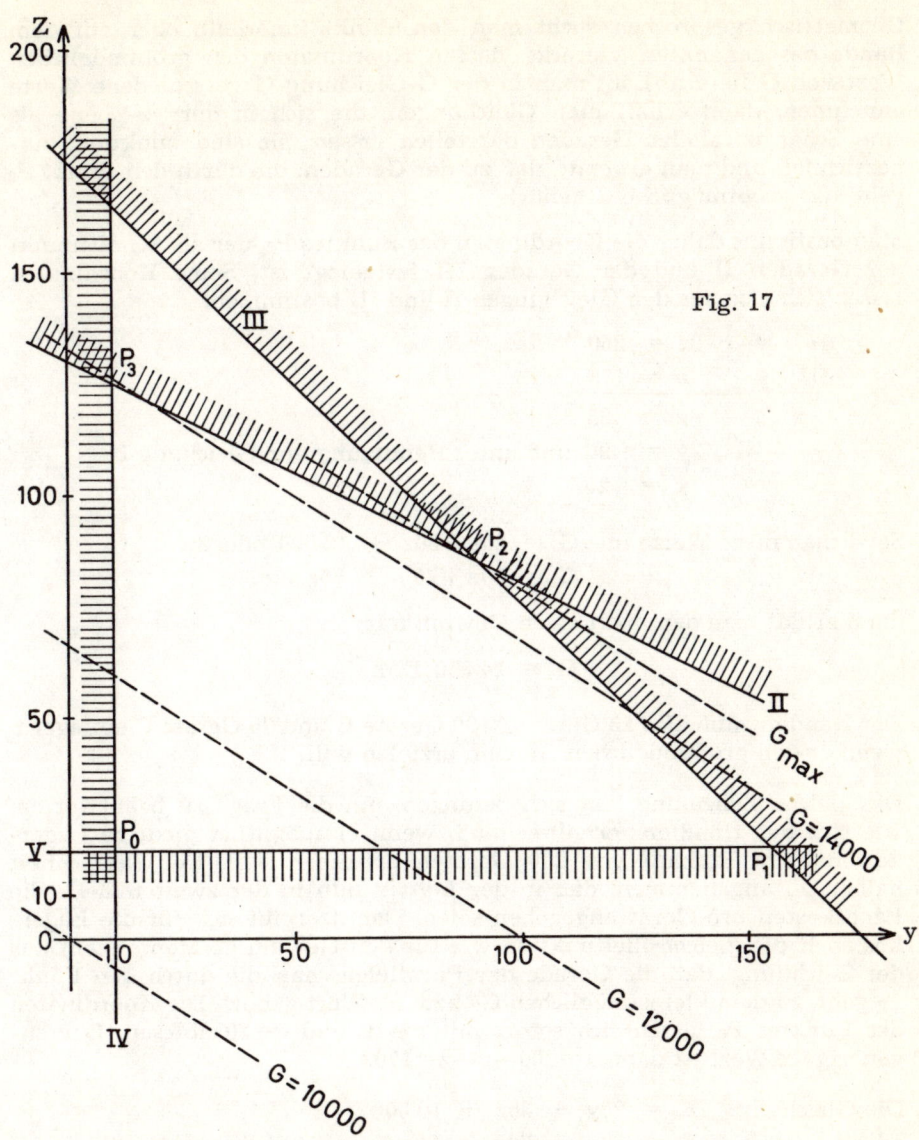

Fig. 17

Der zu maximierende Gewinn errechnet sich aus der Gleichung

$$G = 50x + 70y + 80z.$$

Setzt man wegen der oben gemachten Annahme wieder x=200—y—z ein, dann erhält man

$$G = 20y + 30z + 10\,000.$$

Es ist nun das yz-Zahlenpaar aus dem Definitionsbereich des Ungleichungssystems zu ermitteln, welches G den größten Wert annehmen läßt.

Geometrisch gesprochen sucht man den Punkt innerhalb oder auf dem Rande des genannten Vierecks, dessen Koordinaten den größtmöglichen Wert von G liefern. Läßt man in der G-Gleichung G verschiedene Werte annehmen, dann erhält man Gleichungen, die sich in der yz-Ebene als eine Schar paralleler Geraden darstellen lassen; sie sind punktiert eingezeichnet, und man erkennt, daß zu der Geraden, die durch den Punkt P_2 geht, das größtmögliche G gehört.

Man bestimmt daher die Koordinaten des Punktes P_2, der als Schnittpunkt der Geraden II und der Geraden III festgelegt ist. Seine Koordinaten lassen sich also aus den Gleichungen II und III bestimmen:

$$\begin{array}{ll} \text{II} & y + 2z = 260 \\ \text{III} & y + z = 175 \\ \hline & z = 85 \\ & y = 90 \quad \text{und unter Benutzung von Gleichung I} \\ & x = 25. \end{array}$$

Setzt man diese Werte in $\quad G = 20y + 30z + 10\,000$ oder in
$$G = 50x + 70y + 80z \text{ ein,}$$

dann erhält man den maximalen Gewinn mit

$$G = 14\,350 \text{ DM.}$$

Der Händler muß also 25 Geräte A, 90 Geräte B und 85 Geräte C einlagern, wenn er den größtmöglichen Gewinn erzielen will.

Die gleiche Zeichnung läßt sich benutzen, um die Frage zu beantworten, wie sich der Händler verhalten muß, wenn er möglichst niedrige Lagerkosten beim Einkauf von 200 Geräten erreichen will. Der Einfachheit halber sei angenommen, daß in der Matrix nun in der zweiten Zeile die Lagerkosten pro Gerät angegeben seien. Damit ergibt sich für die Lagerkosten K die gleiche Zielfunktion wie für den Gewinn G. Man ersieht aus der Zeichnung, daß die Gerade der Parallelenschar, die durch den Punkt P_0 geht, zu dem kleinstmöglichen G- bzw. K-Wert gehört. Die Koordinaten des Punktes P_0 lassen sich sofort mit $y=10$ und $z=20$ ablesen. Der zugehörige x-Wert ist dann $x=200-y-z=170$.

Die Gleichung $\quad K = 20y + 30z + 10\,000$
oder $\qquad\qquad K = 50x + 70y + 80z$ liefert mit diesen Werten
$\qquad\qquad\qquad K = 10\,800 \text{ DM.}$

Der Händler kann also sein Lager mit den kleinstmöglichen Kosten füllen, wenn er 170 Geräte A, 10 Geräte B und 20 Geräte C einkauft. Das geschieht dann unter einem Kapitaleinsatz von

$$400 \cdot 170 + 500 \cdot 10 + 600 \cdot 20 = 85\,000 \text{ DM.}$$

Er würde dann also sein Kapital nicht voll einsetzen. Damit würden dann wohl seine Gewinnchancen fallen. Doch darüber ist bei dieser letzten

Fragestellung nichts mehr ausgesagt. Bei der zuerst beantworteten Frage nach der Gewinnmaximierung würde er sein Kapital voll einsetzen, nämlich

$$400 \cdot 25 \ + \ 500 \cdot 90 + 600 \cdot 85 \ = \ 106\,000.$$

Geometrisch wird dieser Tatbestand daran ersichtlich, daß P_2 auf der Geraden II liegt, P_0 dagegen nicht.

V. Mathematisches Zahlenbeispiel

Bestimmung der optimalen Werte einer linearen Funktion in einem durch ein lineares Ungleichungssystem gegebenen Definitionsbereich

Es sollen die Wertepaare (x;y) bestimmt werden, für die die Funktion

$$z = x + y$$

den größten und den kleinsten Wert annimmt, wenn die Wertepaare gleichzeitig das folgende Ungleichungssystem erfüllen sollen:

$$
\begin{aligned}
\text{I:} \quad & x - 5y \leqq 5 \\
\text{II:} \quad & x \qquad\ \leqq 3 \\
\text{III:} \quad & 3x + 2y \leqq 12 \\
\text{IV:} \quad & 4x + 7y \leqq 28 \\
\text{V:} \quad & 3x - y \geqq -6 \\
\text{VI:} \quad & x \qquad\ \geqq -1
\end{aligned}
$$

Das Ungleichungssystem wird in der Zeichnung (siehe Fig. 18) dargestellt durch das Polygon $S_1 S_2 S_3 S_4 S_5 S_6$. Die Koordinaten aller Punkte innerhalb oder auf dem Rand des Polygons erfüllen also sämtliche Ungleichungen.

Die Funktion

$$z = x + y,$$

die man auch als Zielfunktion bezeichnet, liefert durch Umformung

$$y = -x + z.$$

Läßt man darin z verschiedene Werte annehmen, dann erhält man Gleichungen, denen in der xy-Ebene Geraden entsprechen. Alle diese Geraden haben die Steigung -1; sie bilden also eine Parallelenschar. Jede dieser Geraden schneidet auf der y-Achse in diesem Fall den Abschnitt z ab.

Offensichtlich gehört der größtmögliche Wert von z zu der Geraden, die durch den Eckpunkt S_3 geht; der kleinstmögliche z-Wert gehört zu der Geraden durch die Ecke S_6.

S_3 ist der Schnittpunkt der Geraden, die die Erfüllungsmengen der Ungleichungen III und IV begrenzen. So lassen sich seine Koordinaten aus den beiden Gleichungen

$$
\begin{aligned}
\text{III:} \quad & 3x + 2y = 12 \\
\text{und} \quad \text{IV:} \quad & \underline{4x + 7y = 28} \text{ bestimmen.}
\end{aligned}
$$

Man erhält $x_{S3} = \dfrac{28}{13}$ und $y_{S3} = \dfrac{36}{13}$.

Damit wird $z_{max} = 4\dfrac{12}{13}$.

Entsprechend erhält man aus I und VI S_6 (-1 ; $-1,2$). Damit ergibt sich $z_{min} = -2,2$.

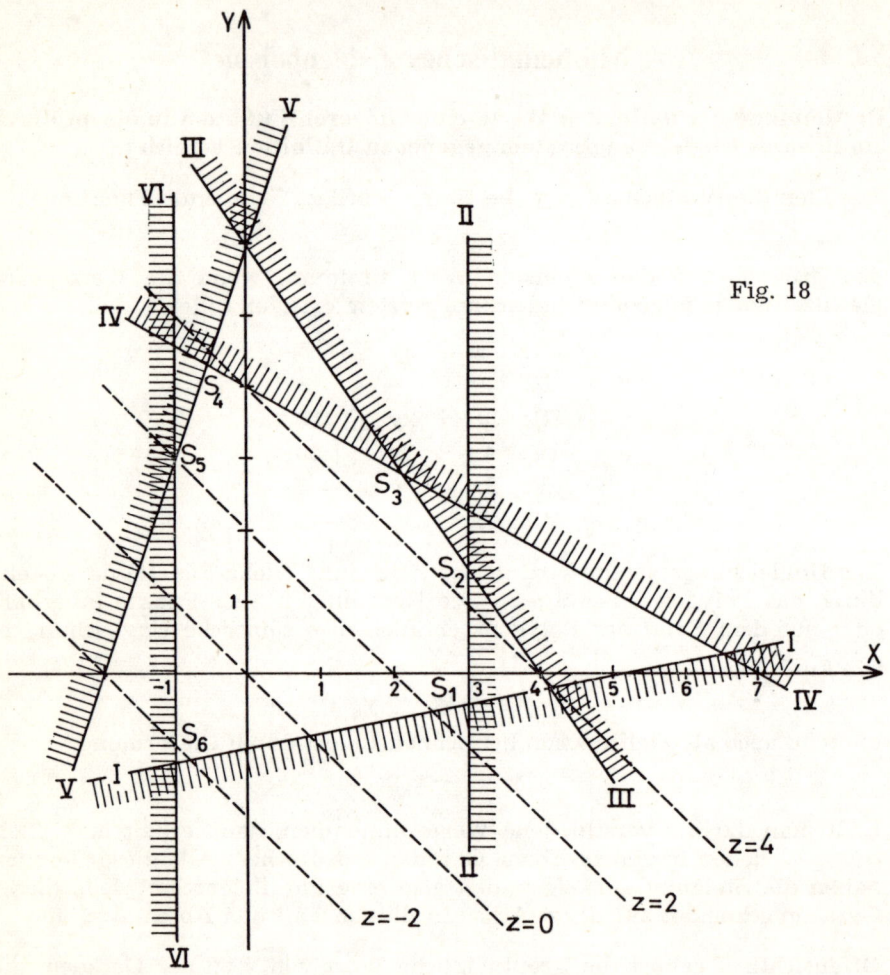

Fig. 18

VI. Der Hauptsatz der Linearplanung

1. Die konvexe Punktmenge und das konvexe Polygon
als Bild eines linearen Ungleichungssystems

Im nachfolgend betrachteten Hauptsatz der Linearplanung wird von einem k o n v e x e n   P o l y g o n (Fig. 19) gesprochen. Man meint damit ein Vieleck, dessen sämtliche Ecken nach außen vorspringen (eine konvexe Linse ist beispielsweise nach außen gewölbt!). Nicht jedes geschlossene Polygon muß konvex sein.

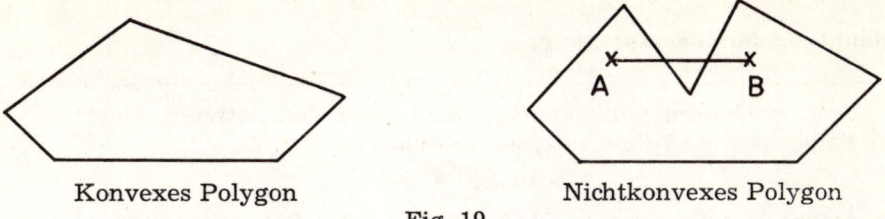

Konvexes Polygon   Nichtkonvexes Polygon

Fig. 19

Exakt mathematisch wählt man eine Definition, die sich auch bei analytischen Beweisen einsetzen läßt:

> *Eine Punktmenge heißt konvex, wenn alle Punkte der Verbindungs-*
> *strecke von je zwei beliebigen Punkten der Menge zur Menge ge-*
> *hören.*

Während beispielsweise die Punkte einer Geraden, eines Dreiecks oder eines Kreises konvexe Punktmengen darstellen, gehören die Punkte eines Kreisringes einer nicht konvexen Punktmenge an.

Jede Halbebene stellt offensichtlich eine konvexe Punktmenge dar. Man sieht auch sofort ein, daß jedes an zwei sich schneidenden Geraden auftretende Winkelfeld konvex ist. Der Durchschnitt zweier Halbebenen ist also auch konvex. Der zu dieser Einsicht führende Gedankengang läßt sich dann auch auf drei und mehr Halbebenen übertragen, so daß man erkennt, daß der Durchschnitt endlich vieler Halbebenen, wenn er nicht leer ist, konvex sein muß. So kann man den Satz aussprechen:

> *Jede nichtleere Erfüllungsmenge eines linearen Ungleichungssystems*
> *mit zwei Veränderlichen stellt in der xy-Ebene eine konvexe Punkt-*
> *menge dar.*

Somit steht fest, daß man es beim Lösen linearer Optimierungsprobleme stets mit konvexen Punktmengen zu tun hat; sie werden ja ausnahmslos durch lineare Ungleichungssysteme definiert.

2. Der Hauptsatz und sein Beweis

In den vorhergehenden Beispielen hat es sich gezeigt, daß die Zielfunktion ihre Extremwerte immer in Eckpunkten des Polygons annahm; der Augenschein zeigt, daß das gar nicht anders sein kann.

Diese aus der Anschauung gewonnene Erkenntnis soll nun auch auf exaktem mathematischen Wege bewiesen werden. Es soll also bewiesen werden, daß eine lineare Zielfunktion ihre optimalen Werte immer auf dem Rand des durch ein lineares Ungleichungssystem festgelegten Bereichs annehmen muß.

Man formuliert diesen Tatbestand als

Hauptsatz der Linearplanung:

> *Jede im Innern und auf dem Rand eines geschlossenen konvexen Polygons der xy-Ebene definierte Funktion*
>
> $$z = ax + by + c$$
>
> *nimmt ihre Extremwerte auf dem Rand des Definitionsbereichs an.*

Beweis: Aus $z = ax + by + c$

folgt $y = -\dfrac{a}{b} x + \dfrac{z - c}{b}$.

Läßt man in diesem Ausdruck z bestimmte Werte annehmen, dann stellt dieser Ausdruck jeweils die Gleichung einer Geraden dar. Alle diese Geraden haben die Steigung $-\dfrac{a}{b}$; sie bilden also eine Parallelenschar, und sie schneiden jeweils auf der y-Achse das Stück $n = \dfrac{z - c}{b}$ ab.

Für positives b wächst n mit z, für negatives b fällt n mit wachsendem z. Ein geschlossenes Polygon nimmt nur einen endlichen Bereich in der xy-Ebene ein. Die Gesamtheit aller der durch die obige Gleichung gegebenen Geraden, die das Polygon einschließlich Rand in mindestens einem Punkt schneiden, bestimmt auf der y-Achse zwei Grenzen n_{max} und n_{min}, denen durch die lineare Beziehung $n = \dfrac{z-c}{b}$ ein z_{max} und ein z_{min} zugeordnet ist. Dieses z_{max} bzw. z_{min} gehört zu den beiden ausgezeichneten Geraden der Schar, die nur noch einen Punkt mit dem Polygon gemeinsam haben. Sie müssen daher durch eine Ecke des Polygons gehen. Also liegt der Punkt, dessen Koordinaten die Funktion z ihren maximalen oder minimalen Wert annehmen läßt, in einem Eckpunkt des Polygons. Damit ist der Satz bewiesen.

Man muß noch einen besonderen Fall betrachten, nämlich den, daß eine der Polygonseiten die gleiche Steigung $-\dfrac{a}{b}$ wie die Zielfunktion hat, sie also parallel zu der Geradenschar der Zielfunktion verläuft. In diesem Fall — man nennt ihn manchmal den „instabilen Fall" — lassen die Koordinaten aller Punkte dieser Polygonseite die Funktion z maximal bzw. minimal werden. Es gibt dann unendlich viele, aber eindeutig festgelegte und begrenzte Wertepaare (x;y), die Lösungen für das gegebene Problem darstellen.

74

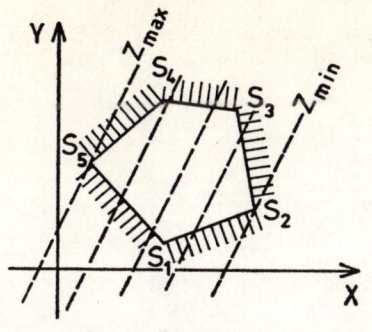

Fig. 20

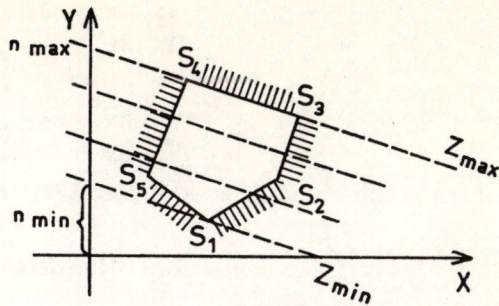

Fig. 21

Die Koordinaten der Eckpunkte S_2 und S_5 liefern für z das Minimum bzw. das Maximum.

S_1 liefert das Minimum. Die Koordinaten aller Punkte der Strecke S_3S_4 lassen die Funktion $z = ax + by + c$ maximal werden.

Übungsbeispiel

Für welche Wertepaare (x;y) nimmt die Funktion

$$z = \tfrac{1}{4} x - y - 3$$

im Definitionsbereich

$$\text{I:} \quad x - 4y \leqq 0$$
$$\text{II:} \quad 3x - y \leqq 15$$
$$\text{III:} \quad 2x - 3y \geqq -8$$
$$\text{IV:} \quad 3x + 2y \geqq 9$$
$$\text{V:} \quad 2x + 3y \leqq 24$$

ihre optimalen Werte an?

L ö s u n g : Die Funktion nimmt ihren kleinstmöglichen Wert $z_{min} = -7\tfrac{1}{3}$ im Punkt $(4; 5\tfrac{1}{3})$ an.

Den größtmöglichen Wert -3 nimmt sie in den Punkten und auf der Strecke zwischen den Punkten $(2\tfrac{4}{7}; \tfrac{9}{14})$ und $(5\tfrac{5}{11}; 1\tfrac{4}{11})$ an.

VII. Herleitung eines Rechenverfahrens
ohne geometrische Veranschaulichung

B e i s p i e l :

Für welche Wertepaare (x;y) nimmt die Funktion $z = \tfrac{1}{3} x - y - 2$ im Definitionsbereich

$$
\begin{aligned}
\text{I:} \quad & x - 3y \leq 0 \\
\text{II:} \quad & 3x - y \leq 16 \\
\text{III:} \quad & x + 3y \leq 22 \\
\text{IV:} \quad & 2x - 3y \geq -10 \\
\text{V:} \quad & 3x + 2y \geq 11
\end{aligned}
$$

ihren größten und ihren kleinsten Wert an?

1. Zeichnerischer Weg

Die zeichnerische Darstellung (siehe Fig. 22) der durch die 5 Ungleichungen definierten Halbebenen liefert als Durchschnitt der 5 Halbebenen das Polygon ABCDE. Die Wertepaare (x;y) im Innern und auf dem Rand dieses Polygons erfüllen also sämtliche 5 Ungleichungen. Sie bilden den Definitionsbereich des Ungleichungssystems.

Die Umformung der Funktion $z = \frac{1}{3} x - y - 2$ in $y = \frac{1}{3} x - 2 - z$ liefert für jeden z-Wert in der xy-Ebene eine Gerade; jede dieser Geraden hat die Steigung $\frac{1}{3}$. Die Parallelenschar enthält eine Gerade, die mit dem Polygon nur den Punkt D gemeinsam hat; so muß nach dem Hauptsatz die Funktion z durch die Koordinaten von D einen Extremwert annehmen.

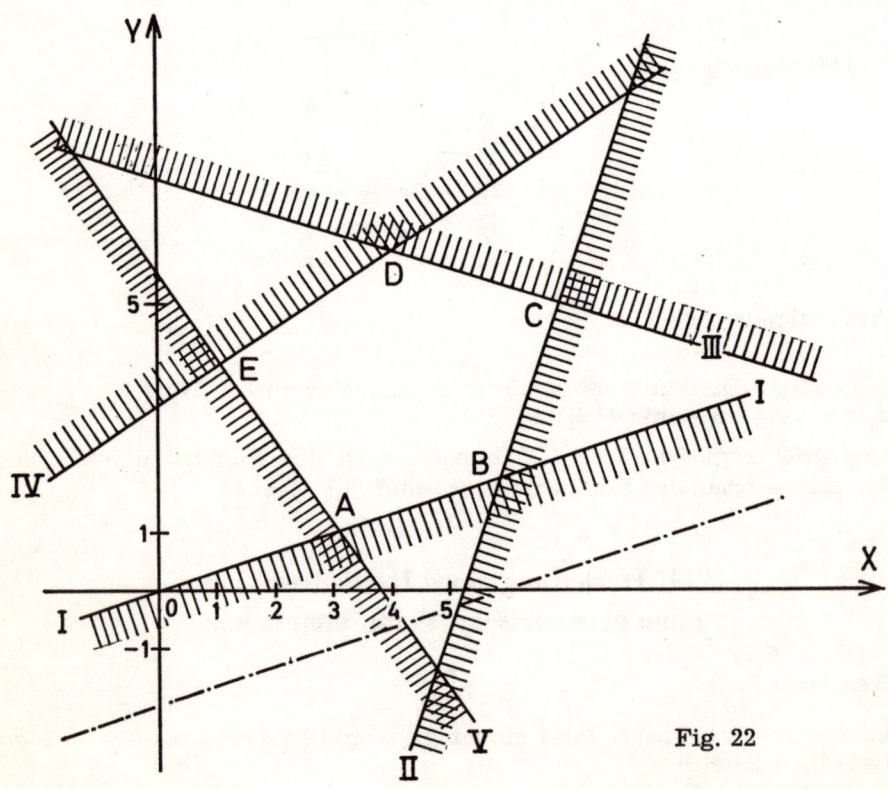

Fig. 22

Die zweite ausgezeichnete Gerade der Schar fällt mit der Geraden I zusammen, da die Gerade I auch die Steigung $\frac{1}{3}$ hat, denn aus $x - 3y = 0$ folgt $y = \frac{1}{3}$ x. So wird deutlich, daß die Koordinaten aller Punkte der Polygonseite AB die Funktion z den gleichen Extremwert annehmen lassen müssen.

Die Koordinaten des Punktes A, rechnerisch zu bestimmen aus den Gleichungen

$$\text{I:} \quad x - 3y = 0$$

und

$$\text{V:} \quad 3x + 2y = 11, \text{ ergeben sich mit } (3;1).$$

Sie lassen die Funktion z den Wert —2 annehmen ($z = 1 - 1 - 2 = -2$). Auch die Koordinaten von B, rechnerisch mit (6;2) aus I und II bestimmt, lassen z den Wert —2 annehmen ($z = 2 - 2 - 2 = -2$). Die Koordinaten von D, aus III und IV mit (4;6) bestimmt, lassen z den Wert $-6\frac{2}{3}$ annehmen. Also nimmt z in D seinen minimalen, in allen Punkten der Seite AB seinen maximalen Wert im gegebenen Definitionsbereich an.

Man kann auch sagen: $z_{min} = -6\frac{2}{3}$ für $x = 4$ und $y = 6$, und $z_{max} = -2$ für $3 \leqq x \leqq 6$ und $y = \frac{1}{3}$ x.

Man kann die letzte Zeile auch folgendermaßen formulieren: z nimmt den im Definitionsbereich größtmöglichen Wert —2 an für alle Wertepaare (x;y), für die gilt: $x = 3y$ unter Beschränkung auf $1 \leqq y \leqq 2$.

2. Entwicklung des Rechenverfahrens aus den Erkenntnissen des zeichnerischen Vorgehens

Aus dem Hauptsatz der Linearplanung folgt, daß man sich bei der Lösung linearer Optimierungsprobleme auf die Untersuchung der Eckpunkte des Definitionsbereiches beschränken kann.

So lange man es nur mit zwei Variablen zu tun hat, kann man nach einem zeichnerischen Verfahren vorgehen.

Man stellt dabei in der xy-Ebene den durch das Ungleichungssystem festgelegten Bereich für die möglichen (x;y)-Wertepaare dar. Dann zeichnet man die zu einem geeigneten z-Wert gehörende Gerade und stellt durch Parallelverschiebung dieser Geraden die Eckpunkte oder die Polygonseiten des Definitionsbereiches fest, durch welche die beiden äußersten Geraden der Schar gehen. Man bestimmt dann die Koordinaten dieser ausgezeichneten Punkte und setzt sie in die Zielfunktion (z-Funktion) ein, um festzustellen, welche Werte das Maximum bzw. das Minimum liefern.

Auf die Einzeichnung der z-Geraden kann man verzichten, wenn man die Koordinaten aller Eckpunkte berechnet und sie in die z-Funktion einsetzt. Aus den so erhaltenen z-Werten ist dann nur der größte oder der kleinste auszusuchen.

Man kann auf die geometrische Darstellung ganz verzichten, wenn man mehr Rechenarbeit in Kauf nimmt und die Koordinaten der Schnittpunkte einer jeden Geraden mit jeder anderen Gerade berechnet. Man muß dabei systematisch vorgehen und alle Schnittpunkte ausscheiden, die nicht im

Definitionsbereich liegen, um die Koordinaten der Ecken des Polygons zu erhalten. Das kann man ohne anschauliche Führung an einem gezeichneten Polygon erreichen, indem man die errechneten Koordinaten eines jeden Schnittpunktes in alle Ungleichungen des Systems einsetzt. Wird dabei auch nur eine Ungleichung des Systems nicht erfüllt, dann scheidet das betreffende Wertepaar aus. Für die nicht ausgeschiedenen Wertepaare, die also zur Erfüllungsmenge des Ungleichungssystems gehören, wird durch Einsetzen in die Zielfunktion der zugehörige z-Wert berechnet. Dann wird aus den so erhaltenen z-Werten der größte bzw. kleinste ausgesucht. Damit ist das Wertepaar (x;y), das die Zielfunktion den optimalen Wert annehmen läßt, ermittelt.

3. Rechnerischer Weg

Das zuletzt behandelte Beispiel läßt sich nach diesem Plan ohne jede Zeichnung folgendermaßen lösen:

Kombination der Gleichung	liefert das Wertepaar	Erfüllung der Ungleichungen	zugehörige z-Werte
I mit II	(6; 2)	erfüllt alle	$z = -2$ (Max)
I mit III	(11; $3\frac{2}{3}$)	erfüllt II nicht	scheidet aus
I mit IV	(—10; $-3\frac{1}{3}$)	erfüllt V nicht	scheidet aus
I mit V	(3; 1)	erfüllt alle	$z = -2$ (Max)
II mit III	(7; 5)	erfüllt alle	$z = -4\frac{2}{3}$
II mit IV	($8\frac{2}{7}$; $8\frac{6}{7}$)	erfüllt III nicht	scheidet aus
II mit V	($4\frac{7}{9}$; $-1\frac{2}{3}$)	erfüllt I nicht	scheidet aus
III mit IV	(4; 6)	erfüllt alle	$z = -6\frac{2}{3}$ (Min)
III mit V	(—$1\frac{4}{7}$; $7\frac{6}{7}$)	erfüllt IV nicht	scheidet aus
IV mit V	(1; 4)	erfüllt alle	$z = -5\frac{2}{3}$

Das rein rechnerische Vorgehen liefert also das gleiche Ergebnis wie die zeichnerisch-rechnerische Methode. Das Wertepaar (4;6) liefert mit $z = -6\frac{2}{3}$ den kleinstmöglichen z-Wert. Der größte z-Wert wird mit —2 zweimal — und zwar durch die Wertepaare (3;1) und (6;2) — erreicht. Diese Wertepaare entsprechen zwei Ecken des Polygons mit den Koordinaten (3;1) und (6;2). Durch beide Ecken geht die Gerade, die zu dem z-Wert —2 gehört.

Da die Koordinaten aller Punkte dieser Geraden den z-Wert —2 ergeben, müssen auch die Koordinaten aller Punkte der Strecke zwischen (3;1) und (6;2) — also die Koordinaten aller Punkte der Polygonseite, die von den Ecken (3;1) und (6;2) begrenzt wird — den gleichen z-Wert —2 liefern. Weil die Ecken (3;1) und (6;2) sich durch Kombination der Gleichungen I mit V bzw. I mit II ergeben haben, müssen sie auf der Geraden liegen, die zu der Gleichung I gehört. Ihre Koordinaten müssen also die Gleichung x — 3y = 0 und damit x = 3y erfüllen. So kann man erkennen, daß der maximale z-Wert —2 von allen Wertepaaren angenommen wird, für die gilt:

$$3 \leq x \leq 6 \text{ und } y = \tfrac{1}{3} x$$

oder

$$1 \leq y \leq 2 \text{ und } x = 3\,y.$$

VIII. Linearplanung mit drei Variablen

1. Die Möglichkeit der geometrischen Veranschaulichung im Raum

Mit diesem Beispiel ist der Weg gewiesen, wie man bei Optimierungsproblemen mit drei oder mehr Variablen eine Lösung anstreben kann.

Eine zeichnerisch-konstruktive Lösung ist ja nur bei zwei Variablen durchführbar. Bei drei Variablen ist dann noch eine der Anschauung zugängliche geometrische Interpretation möglich, denn eine lineare Gleichung mit drei Variablen legt mit Hilfe eines rechtwinkligen Koordinatensystems im Raum eine Ebene fest. Eine Ungleichung der Form ax + by + cz ≤ d bestimmt einen „Halbraum", der von der „Grenzebene" ax + by + cz = d, begrenzt wird.

So lassen sich die in den vorhergehenden Beispielen entwickelten Gedankengänge aus der Ebene in den Raum übertragen, wenn man bedenkt, daß Punkte P(x;y) zu Punkten P(x;y;z) werden, an die Stelle von Grenzgeraden ax+by=c Grenzebenen ax+by+cz=d treten und für Halbebenen Halbräume zu setzen sind. Dem Durchschnitt endlich vieler Halbebenen (Polygon) entspricht der Durchschnitt endlich vieler Halbräume (Polyeder), denn zwei Grenzebenen schneiden sich im allgemeinen in einer Geraden, die eine dritte und weitere Grenzebenen des Ungleichungssystems in Punkten schneidet, die dann zu Ecken des Polyeders werden, wenn die Schnittpunkte zur Erfüllungsmenge gehören. Die Ecken begrenzen Kanten des Polyeders, wobei die Kanten Strecken der Schnittgeraden zweier Ebenen sind.

> *Der aus der Ebene in den Raum übertragbare Hauptsatz der Linearplanung besagt dann, daß eine Funktion M = ax+by+cz+d, die im Bereich eines durch ein Ungleichungssystem festgelegten Polyeders definiert ist, ihre Extremwerte in einem Eckpunkt oder auf einer Kante oder auf einer Grenzebene des Polyeders annimmt.*

Die schon bei drei Variablen auftretenden Schwierigkeiten der geometrischen Deutung legen es nahe, ganz darauf zu verzichten und zu rein rechnerischen Verfahren überzugehen, die dann auch den Vorteil haben, daß sie sich auf Systeme mit vier und mehr Variablen anwenden lassen. Der dann anfallende Rechenaufwand kann gut Automaten übertragen werden, da sich dabei zwar umfangreiche, aber immer wieder gleiche Rechengänge fortgesetzt wiederholen.

2. Lösung eines Beispiels auf rechnerischem Weg

Das bereits beschriebene, mit zwei Variablen durchgeführte Rechenverfahren soll nun auf ein Beispiel mit drei Variablen übertragen werden.

Aufgabe: Es sind die Zahlentripel (x;y;z) zu bestimmen, die die Zielfunktion

$$M = \frac{1}{5} x + \frac{1}{3} y + \frac{1}{2} z$$

den größten bzw. den kleinsten Wert annehmen lassen, wenn gleichzeitig folgende Ungleichungen erfüllt sein sollen:

$$
\begin{aligned}
\text{I:} &\quad x + y + z \geqq 100 \\
\text{II:} &\quad 20x + 10y + 5z \leqq 900 \\
\text{III:} &\quad x \geqq 0 \\
\text{IV:} &\quad y \geqq 0 \\
\text{V:} &\quad z \geqq 0.
\end{aligned}
$$

Man betrachtet zunächst das zugehörige Gleichungssystem:

$$
\begin{aligned}
\text{I:} &\quad x + y + z = 100 \\
\text{II:} &\quad 20x + 10y + 5z = 900 \\
\text{III:} &\quad x = 0 \\
\text{IV:} &\quad y = 0 \\
\text{V:} &\quad z = 0.
\end{aligned}
$$

Zur Errechnung eines Zahlentripels (x;y;z) sind jeweils drei Gleichungen nötig! Es sind nun aus den vorliegenden fünf Gleichungen alle möglichen Dreierkombinationen zu bilden und daraus jeweils das dadurch festgelegte Zahlentripel zu errechnen.

So liefert beispielsweise die Kombination I, II, III:

$$
\begin{aligned}
\text{I:} &\quad x + y + z = 100 \\
\text{II:} &\quad 20x + 10y + 5z = 900 \\
\text{III:} &\quad x = 0 \\
\hline
\text{I:} &\quad y + z = 100 \\
\text{II:} &\quad 10y + 5z = 900 \\
\text{I:} &\quad \left. \begin{array}{r} -5y - 5z = -500 \\ \end{array} \right\} + \\
\text{II:} &\quad \left. \begin{array}{r} 10y + 5z = 900 \\ \end{array} \right. \\
\hline
&\quad 5y = 400 \\
&\quad y = 80, \; z = 20.
\end{aligned}
$$

Man erhält das Zahlentripel (0;80;20).

Setzt man es in die Ungleichungen IV und V ein — ein Einsetzen in I, II und III erübrigt sich, da es ja die zugehörigen Gleichungen erfüllt —, dann sieht man, daß es alle Ungleichungen erfüllt; es gehört daher zur Erfüllungsmenge des Ungleichungssystems. Der zugehörige M-Wert ergibt sich mit

$$M = \frac{1}{5} x + \frac{1}{3} y + \frac{1}{2} z = \frac{80}{3} + 10 = 36\frac{2}{3}.$$

Für die Kombination III, IV, V ergibt sich ohne Rechnung das Zahlentripel (0;0;0). Es gehört nicht zur Erfüllungsmenge, da es die Ungleichung I nicht erfüllt; es scheidet also aus.

Auf dieselbe Weise sind alle möglichen Kombinationen systematisch durchzuprobieren. Das Ergebnis läßt sich in folgender Tabelle übersichtlich zusammenfassen:

Kombination der Gleichungen	Daraus errechnete Zahlentripel	Erfüllung oder Nichterfüllung der 5 Ungleichungen	M-Wert
I II III	(0;80;20)	erfüllt alle Ungleichungen	$M = 36\frac{2}{3}$
I II IV	$(\frac{80}{3}; 0; \frac{220}{3})$	erfüllt alle Ungleichungen	$M = 42$
I II V	(—10;110;0)	erfüllt III nicht, scheidet aus	
I III IV	(0;0;100)	erfüllt alle Ungleichungen	$M = 50$
I III V	(0;100;0)	erfüllt II nicht, scheidet aus	
I IV V	(100;0;0)	erfüllt II nicht, scheidet aus	
II III IV	(0;0;180)	erfüllt alle Ungleichungen	$M = 90$
II III V	(0;90;0)	erfüllt I nicht, scheidet aus	
II IV V	(45;0;0)	erfüllt I nicht, scheidet aus	
III IV V	(0;0;0)	erfüllt I nicht, scheidet aus	

Innerhalb des durch das Ungleichungssystem festgelegten Definitionsbereiches nimmt also die Funktion $M = \frac{1}{5}x + \frac{1}{3}y + \frac{1}{2}z$ den kleinsten Wert für das Zahlentripel (0;80;20) mit $M = 36\frac{2}{3}$ an. Den größten Wert erreicht M mit 90 durch das Zahlentripel (0;0;180).

3. Geometrische Interpretation

Zunächst ist festzustellen, daß in einem XYZ-Koordinatensystem (siehe Fig. 23)

die Gleichung III $\quad$ x = 0 die yz-Ebene,
die Gleichung IV $\quad$ y = 0 die xz-Ebene und
die Gleichung V $\quad$ z = 0 die xy-Ebene darstellt.

Kombiniert man nun beispielsweise III mit IV, dann erhält man die Schnittgerade der yz-Ebene und xz-Ebene; das ist die z-Achse. Nimmt man noch die Gleichung V hinzu, dann erhält man den Schnittpunkt eben dieser z-Achse mit der xy-Ebene; das ist der Koordinatenanfangspunkt (0;0;0).

Nimmt man dagegen zu III und IV die Gleichung I dazu, dann erhält man den Schnittpunkt der z-Achse mit der Ebene I, die zur Gleichung I gehört. Die Ebene I schneidet die z-Achse in P_4, und zwar im Punkte 100, denn für x=0 und y=0 erhält man aus der Gleichung I

$$z = 100.$$

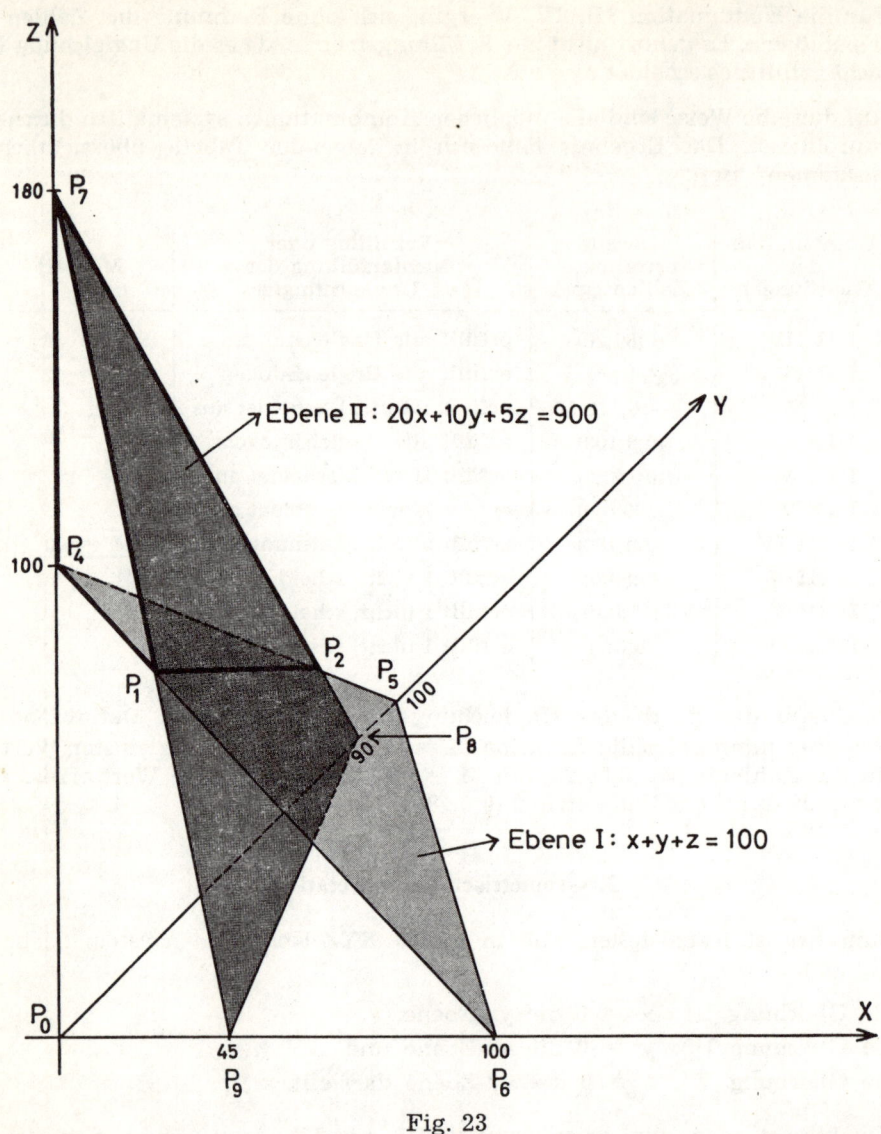

Fig. 23

Auf dem gleichen Wege wird erkennbar, daß die Ebene I auch auf der x-Achse und auf der y-Achse in P_6 und P_5 jeweils den Abschnitt 100 abschneidet, wenn man in Gleichung I $y=0$ und $z=0$ bzw. $x=0$ und $z=0$ setzt.

Die Ebene II schneidet auf der z-Achse in P_7 180, auf der x-Achse in P_9 45 und auf der y-Achse in P_8 90 Einheiten ab. Setzt man nämlich in Gleichung II $x=0$ und $y=0$, dann erhält man $z=180$; setzt man $y=0$ und $z=0$, dann ergibt sich $x=45$, und setzt man $x=0$ und $z=0$, dann erhält man $y=90$.

Kombiniert man die Gleichungen I und II, dann liefern die zugehörigen Ebenen eine Schnittgerade, welche die yz-Ebene (x=0 gesetzt, also kombiniert mit III) im Punkte P_2 (0;80;20), die xz-Ebene (y=0 gesetzt, also I und II mit IV kombiniert) im Punkte $P_1(\frac{80}{3}; 0; 2\frac{20}{3})$ und die xy-Ebene (z=0 gesetzt, also I und II mit V kombiniert) in P_3 (—10;110;0) schneidet.

Die Erfüllungsmenge des gegebenen Ungleichungssystems wird dargestellt durch die Punkte innerhalb und auf der Oberfläche des Polyeders $P_1P_2P_4P_7$. Die Ebene II begrenzt nämlich in dem durch die Ungleichungen III, IV und V festgelegten positiven Oktanten des Koordinatsystems die links unterhalb von ihr gelegene körperliche Ecke (vorstellbar als Zimmerecke, die durch eine schräg eingepaßte ebene Fläche vom übrigen Zimmer abgeschlagen wurde). Davon wird durch die Ebene I der unterhalb von ihr gelegene Teil abgeschnitten, da die Ungleichung I die Punkte oberhalb der Ebene I und die Punkte der Ebene I definiert.

So bleibt nur der genannte Polyeder als Definitionsbereich. Er wird begrenzt von dem in der xz-Ebene gelegenen Dreieck $P_1P_4P_7$, von dem in der yz-Ebene gelegenen Dreieck $P_2P_4P_7$, von dem in der Ebene I gelegenen Dreieck $P_1P_2P_4$ und von dem in der Ebene II gelegenen Dreieck $P_1P_2P_7$. Nur die vier Ecken des Polyeders kommen nach dem Hauptsatz der Linearplanung als Lösungen in Betracht. So bestätigt die Zeichnung das im vorhergehenden Abschnitt rein rechnerisch ermittelte Ergebnis.

IX. Die Kombinationsmethode
und die Lösung von Problemen mit n Variablen

Die geometrische Interpretation des oben behandelten Beispiels —Fig. 23 — soll der Veranschaulichung dienen. Eine konstruktive zeichnerische Lösung linearer Optimierungsprobleme ist bei drei und mehr Variablen nicht mehr durchführbar. Es muß deshalb nach rein rechnerischen Wegen gesucht werden.

1. Die Methode der vollständigen Kombination

Die in Kapitel B VII an einem Problem mit zwei Variablen entwickelte rechnerische Methode wurde in Abschnitt B VIII/2 auf ein Beispiel mit drei Variablen übertragen. Sie läßt sich generell auf Probleme mit n Variablen anwenden und soll im folgenden kurz als „Kombinationsmethode" bezeichnet werden, weil darin die systematische Bildung aller jeweils möglichen Kombinationen die Hauptrolle spielt.

Von M. Stimmel[1] wird ein ähnliches Vorgehen als „Methode der vollständigen Beschreibung" (complete description method) vorgeführt. G. Dietrich und H. Stahl[2] sprechen von der „Lösung eines Beispiels ohne

---

[1] M. Stimmel, [18], S. 22/23.
[2] G. Dietrich u. H. Stahl, [5], S. 386.

Verwendung der Simplex-Methode durch systematisches Probieren". In beiden Fällen werden wie auch bei der Simplex-Methode aus den Ungleichungen durch Einführung von Zusatzvariablen — „Schlupfvariablen" — Gleichungen gebildet. Die so erhöhte Zahl der Variablen erschwert die Durchsichtigkeit des Lösungsvorgangs.

Im Gegensatz dazu benötigt man bei der Kombinationsmethode keine Zusatzvariablen, weil darin einfach dadurch ein Gleichungssystem gewonnen wird, daß man in den einzelnen Ungleichungen nur das ja immer zugelassene Gleichheitszeichen beachtet.

Man geht beim Kombinationsverfahren in fünf Schritten vor:

1. Schritt: Schreibung des Ungleichungssystems als Gleichungssystem

Bei einem Problem mit m Ungleichungen erhält man ein System von m Gleichungen. Diesen Gleichungen entsprechen „Hyperebenen", die den durch das Ungleichungssystem festgelegten „Polyeder" — den Definitionsbereich, in dem man operieren kann — begrenzen.

Bei zwei Variablen ist dieser Definitionsbereich ein Polygon, begrenzt von Geraden. Bei drei Variablen ist ein von Ebenen begrenzter dreidimensionaler Polyeder zu erwarten.

2. Schritt: Systematische Bildung aller möglichen Kombinationen

Bei einem Problem mit zwei Variablen sind aus dem Gleichungssystem alle möglichen Zweier-Kombinationen, bei drei Variablen sind die möglichen Dreier-Kombinationen, allgemein sind bei n Variablen alle möglichen „Kombinationen zur n. Klasse" zu bilden. Man erhält dann eine genau bestimmbare Anzahl von Kombinationen zweier Gleichungen mit zwei Unbekannten, dreier Gleichungen mit drei Unbekannten, allgemein von n Gleichungen mit n Unbekannten.

3. Schritt: Berechnung der Lösungen aller Kombinationen

Jede Kombination liefert als Lösung ein Zahlenpaar, ein Zahlentripel, allgemein ein „Zahlen-n-Tupel"[1]). Jedes Zahlen-n-Tupel stellt die Koordinaten eines Punktes dar, der im n-dimensionalen Raum als Schnittpunkt von n Hyperebenen festgelegt wird.

Bei zwei Variablen liefert ein Zahlenpaar die Koordinaten des Schnittpunktes zweier Geraden, bei drei Variablen repräsentiert ein Zahlentripel die Koordinaten des Schnittpunktes von drei Ebenen.

4. Schritt: Überprüfung aller Zahlen-n-Tupel auf Zugehörigkeit zum Definitionsbereich

Jedes Zahlen-n-Tupel muß in alle Ungleichungen eingesetzt werden, um diejenigen auszuscheiden, die nicht zum Definitionsbereich gehören. Bei

---

[1]) Unter einem Zahlen-n-Tupel versteht man eine geordnete Folge von Zahlen, z. B. (7;11) oder (7; 11; 3), allgemein (a_1; a_2; a_3; . . . . a_n).

Nichterfüllung auch nur einer Ungleichung wird das Zahlen-n-Tupel als unzulässige Lösung aus der weiteren Betrachtung ausgeschlossen.

Geometrisch bedeutet die Nichterfüllung einer Ungleichung, daß der zugehörige Punkt außerhalb des Polyeders liegt. Die nichtausgeschiedenen n-Tupel bilden die zulässigen Lösungen des Problems; ihnen entsprechen die Ecken des Polyeders, und auf einer dieser Ecken liegt nach dem Hauptsatz der Linearplanung der optimale Zielfunktionswert.

5. Schritt: Berechnung der Zielfunktionswerte für alle zulässigen Lösungen und Auswahl des optimalen Wertes

Durch Einsetzen der zulässigen n-Tupel in die Zielfunktion wird deren Wert an allen Ecken des Polyeders errechnet. Das Zahlen-n-Tupel, das den optimalen Zielfunktionswert liefert, gibt die Produktionsbedingungen an, bei denen das angestrebte Ziel optimal erreicht wird.

2. Beispiele

a) Beispiel mit zwei Variablen

Das in Kapitel B III geometrisch behandelte Problem soll nach dem Kombinationsverfahren rein rechnerisch gelöst werden.

1. Schritt

Dem Ungleichungssystem entnimmt man das Gleichungssystem

I	$5x + 9y \leq 225$		I	$5x + 9y = 225$		
II	$20y \leq 400$		II	$20y = 400$		
III	$10x + 3y \leq 300$		III	$10x + 3y = 300$		
IV	$x \geq 0$		IV	$x = 0$		
V	$y \geq 0$		V	$y = 0$		

2. Schritt

In der ersten Spalte der nachfolgenden Tabelle sind alle möglichen Zweier-Kombinationen, die aus den fünf Gleichungen gebildet werden können, systematisch aufgeführt.

3. Schritt

In der zweiten Spalte ist das Zahlenpaar angegeben, das sich als Lösung der jeweiligen beiden Gleichungen ergibt.

4. Schritt

In der dritten Spalte ist angegeben, ob das Zahlenpaar alle Ungleichungen erfüllt.

5. Schritt

In der vierten Spalte sind die zugehörigen Zielfunktionswerte vermerkt; der größte ist ausgesucht.

Kombination der Gleichungen	Zugehöriges Zahlenpaar	Erfüllung der Ungleichungen	Wert der Zielfunktion $G=50x+60y$
I mit II	(9; 20)	erfüllt alle	1650,—
I mit III	(27; 10)	erfüllt alle	1950,—
I mit IV	(0; 25)	erfüllt II nicht	—
I mit V	(45; 0)	erfüllt III nicht	—
II mit III	(24; 20)	erfüllt I nicht	—
II mit IV	(0; 20)	erfüllt alle	1200,—
II mit V	kein Zahlenpaar, da 20y=400 und y=0 unvereinbar	—	—
III mit IV	(0; 100)	erfüllt I nicht	—
III mit V	(30; 0)	erfüllt alle	1500,—
IV mit V	(0; 0)	erfüllt alle	0

Das Wertepaar (27; 10) liefert den größtmöglichen G-Wert. Bei der Produktion von 27 Tischen und 10 Stühlen wird also der bei den gegebenen Restriktionen größtmögliche Gewinn in Höhe von 1950 DM erzielt.

b) Beispiel mit drei Variablen

Das in Kapitel B IV geometrisch behandelte Problem soll rein rechnerisch gelöst werden. Dort wurde das ursprünglich mit drei Variablen formulierte Problem durch Elimination einer Variablen auf ein solches mit zwei Variablen zurückgeführt und damit geometrisch lösbar.

Durch die naheliegende — aber willkürliche — Annahme, daß die Lagerkapazität voll ausgenutzt werden solle, ergab sich eine Gleichung, die das Ausscheiden einer Variablen ermöglichte. Läßt man diese Annahme fallen, dann hat man es mit einem Problem mit drei Variablen zu tun, das nun hier rein rechnerisch gelöst werden soll.

Das Ungleichungssystem lautete:

$$
\begin{array}{llllllll}
\text{I} & x & + & y & + & z & \leqq & 200 \\
\text{II} & 400x & + & 500y & + & 600z & \leqq & 106\,000 \\
\text{III} & & & & & x & \leqq & 25 \\
\text{IV} & & & & & y & \geqq & 10 \\
\text{V} & & & & & z & \geqq & 20 \\
\end{array}
$$

Daraus gewinnt man das Gleichungssystem:

$$
\begin{array}{lrcr}
\text{I} & x + y + z & = & 200 \\
\text{II} & 400x + 500y + 600z & = & 106\,000 \\
\text{III} & x & = & 25 \\
\text{IV} & y & = & 10 \\
\text{V} & z & = & 20
\end{array}
$$

Die Zielfunktion lautete $\qquad G = 50x + 70y + 80z$

Kombination der Gleichungen	Zugehörige Zahlentripel	Erfüllung der Ungleichungen	Wert der Zielfunktion $G = 50x + 70y + 80z$
I II III	(25; 90; 85)	erfüllt alle	14 350
I II IV	(65; 10; 125)	erfüllt alle	13 950
I II V	(—40; 220; 20)	erfüllt III nicht	—
I III IV	(25; 10; 165)	erfüllt II nicht	—
I III V	(25; 155; 20)	erfüllt alle	13 700
I IV V	(170; 10; 20)	erfüllt alle	10 800
II III IV	(25; 10; $151^2/_3$)	erfüllt alle	$14\,083^1/_3$
II III V	(25; 168; 20)	erfüllt I nicht	—
II IV V	($222^1/_2$; 10; 20)	erfüllt I nicht	—
III IV V	(25; 10; 20)	erfüllt alle	3 550

Der Händler erzielt den größtmöglichen Gewinn in Höhe von 14 350 DM, wenn er 25 Geräte A, 90 Geräte B und 85 Geräte C hereinnimmt. Er nutzt dabei seinen Lagerraum (200 Geräte) und seine Geldmittel (106 000 DM) voll aus. In Kapitel B IV hatte sich die gleiche Lösung eingestellt. Das zeugt davon, daß die dort gemachte Annahme, das Lager ganz zu füllen, dem Problem bestmöglich angemessen war.

3. Programmierung und Lösung linearer Optimierungsprobleme nach dem Kombinationsverfahren unter Computereinsatz

Beim Durchrechnen der beiden Beispiele erlebt man, daß die Kombinationsmethode schnell zur Lösung führt. Für die Berechnung der in der Tabelle zu 2 a niedergelegten Daten benötigten Studierende, die mit dem Verfahren vertraut waren, weniger als eine Stunde. Damit hat die hier entwickelte Kombinationsmethode ihre Eignung für schulische Zwecke bewiesen.

Der Rechenaufwand, der sich bei einer größeren Anzahl von Ungleichungen mit zunehmender Zahl von Variablen einstellt, kann aber so wachsen, daß er manuell nicht mehr zu bewältigen ist. Für die Praxis war daher in solchen Fällen eine „kombinatorische Methode"[1] noch vor zehn Jahren ungeeignet. Die stürmische Entwicklung der Computertechnik eröffnet aber dem Kombinationsverfahren, bei dem ein wesentlich höherer Rechenaufwand als bei anderen Verfahren in Kauf genommen werden muß, neue Perspektiven für den Einsatz in praktischen Fällen. Über diesbezügliche Erfahrungen soll im Folgenden kurz berichtet werden.

Ein Problem aus dem Produktionsbereich, das dem in Kapitel B III behandelten ähnelt, führte zu folgendem Ungleichungssystem:

$$
\begin{array}{rrcl}
\text{I} & x + y & \leqq & 40 \\
\text{II} & 7x + 12y & \leqq & 312 \\
\text{III} & 40x + 120y & \leqq & 2400 \\
\text{IV} & x & \geqq & 10 \\
\text{V} & y & \geqq & 2 \\
\end{array}
$$

Die Zielfunktion $Z = 100x + 250y$ sollte maximiert werden.

Die Programmierung der Lösung des Problems nach dem Kombinationsverfahren erfolgte durch einen Mathematiker des Control Data Institute in Frankfurt in der Programmsprache FORTRAN. Die Berechnung leistete ein Computer dieses Instituts in dreizehn Sekunden. Er druckte das folgende Ergebnis aus:

$$x = 24.000000000 \qquad y = 12.000000000 \qquad Z = 5400.000000000$$

Für das Wertepaar (24;12) nimmt also die Zielfunktion ihren größtmöglichen Wert 5400 an[2],

Die neun Nullen nach dem Komma zeigen, daß der Computer alle Rechnungen mit einer Genauigkeit von neun Stellen ausführte. Das bedeutet, daß die Berechnung auch dann nicht mehr Zeit beansprucht hätte, wenn im Ungleichungssystem etwa fünfstellige Koeffizienten aufgetreten wären.

Bei einer Verdoppelung der Zahl der Ungleichungen wäre die Programmierungsarbeit im Prinzip die gleiche geblieben, während die Rechenzeit sich nur um zwei bis drei Sekunden erhöht hätte, obwohl die Zahl der durchzuführenden Iterationsschritte dann von $\binom{5}{2}^3) = 10$ auf $\binom{10}{2}) = 45$ angestiegen wäre.

---

[1] A. S. Barsow, [2], S. 65.

[2] Dem auf Übung bedachten Leser bietet sich hier eine Gelegenheit, dieses Ergebnis in selbständiger Arbeit mit der Kombinationsmethode nachzuprüfen.

[3] $\binom{m}{n}$ ist ein Begriff aus der Kombinatorik; er wird gelesen als „m über n" und bedeutet die abgekürzte Schreibweise für einen Bruch, dessen Nenner aus dem Produkt der ersten n natürlichen Zahlen besteht und in dessen Zähler ebenfalls n Faktoren stehen, die mit m beginnen und jeweils um eine Einheit fallen. Danach errechnet sich $\binom{5}{2} = \frac{5 \cdot 4}{1 \cdot 2}$ = 10 und $\binom{10}{2} = \frac{10 \cdot 9}{1 \cdot 2} = 45$ und $\binom{6}{3} = \frac{6 \cdot 5 \cdot 4}{1 \cdot 2 \cdot 3} = 20$. Es gibt $\binom{6}{3}$ Kombinationsmöglichkeiten aus sechs Elementen zur dritten Klasse.

Bei einem Problem mit drei Variablen und beispielsweise sechs Ungleichungen betrüge die Anzahl der möglichen Kombinationen mit $\binom{6}{3}$ zwanzig. Der Mathematiker, der obiges Beispiel programmiert hat, schätzte für
diesen Fall die Rechenzeit auf etwa zwanzig Sekunden.

Mit der Erprobung der Kombinationsmethode durch einen Fachmann für
elektronische Rechenanlagen ist erwiesen, daß das im Unterricht bewährte
Verfahren auch im praktischen Einsatz anwendbar ist.

4. Das Simplexverfahren von G. B. Dantzig

Das von dem Amerikaner G. B. Dantzig 1948 angegebene Simplexverfahren[1] will den Rechenaufwand herabsetzen. Bei dieser Methode werden
durch Einführung von „slack variables" (slack = Luft, meist als „Schlupf-
variable" übersetzt) aus den Ungleichungen Gleichungen hergestellt. Bei
m Ungleichungen sind dadurch m zusätzliche Variable nötig, so daß sich
die Zahl der Variablen von n auf n+m erhöht. Durch Probieren muß dann
eine „Basislösung" gefunden werden. Hat man sie ermittelt, dann werden
nicht mehr alle möglichen Kombinationen durchprobiert, sondern man
operiert von da ausgehend auf der Berandung des Simplex.

Unter einem Simplex versteht man die geometrische Entsprechung — das
Bild — des durch das angegebene Ungleichungssystem festgelegten Defi-
nitionsbereiches. Der Simplex ist bei zwei Variablen ein Polygon in der
Ebene, bei drei Variablen ein Polyeder im dreidimensionalen Raum, bei
vier und allgemein bei n Variablen ein vierdimensionaler, allgemein ein
„n-dimensionaler Polyeder", der von „Hyperebenen", die den Gleichungen
entsprechen, begrenzt wird. Jeder Basislösung entspricht eine „Ecke des
Polyeders", die als Schnittpunkt von jeweils n Hyperebenen bestimmt ist.
Das Simplexverfahren basiert natürlich auch auf dem Hauptsatz der
Linearplanung, wonach die optimale Lösung auf dem Rand des Polyeders
angenommen wird. Daher werden, von einer durch Probieren gefundenen
Basislösung ausgehend, nur noch weitere Ecken des Polyeders untersucht.

Im Beispiel des Kapitels B III würde das bedeuten, daß man von der
Basislösung (0;0) ausgehend — sie erfüllt alle fünf Ungleichungen — auf
dem Rand des Polygons ODCBA (s. Fig. 16) fortschreiten würde und daher
die fünf außerhalb des Polygons liegenden Schnittpunkte nicht zu berechnen braucht. Auch die Berechnung der Eckpunkte B und A erübrigt sich,
da schon beim Erreichen von C erkannt werden kann, daß dort die optimale Lösung liegt.

Auf die Durchführung eines Beispiels nach dem Simplexverfahren kann
hier verzichtet werden, da der daran interessierte Leser auf zwei ein-
gehende Darstellungen verwiesen werden kann. E. Eisenführ[2] behandelt
das gleiche Beispiel, das in Kapitel B III dieses Buches geometrisch und

---

[1] Unter der Bezeichnung „Operation Research" waren von Amerikanern im zweiten
Weltkrieg zur mathematischen Planung militärischer Operationen — insbesondere von
Nachschubproblemen — schon ähnliche Verfahren entwickelt worden.

[2] E. Eisenführ, [7], S. 271—284.

oben in 2 a rechnerisch nach dem Kombinationsverfahren gelöst wurde, nach dem Simplexverfahren. M. Stimmel[1]) zeigt das dem Simplexalgorithmus zugrundeliegende Rechenschema an Simplex-Tableaus auf. Dabei wird ersichtlich, daß die Lösung eines Problems auf die fortgesetzte Umformung von Matrizen hinauskommt.

---

[1]) M. Stimmel, [18], S. 25 ff.

Literaturverzeichnis

1. Bader, H./Fröhlich, S.: Mathematik für Ökonomen, Berlin - Leipzig 1964

2. Barsow, A. S.: Was ist lineare Programmierung? Moskau 1959. Deutsche Übersetzung: Stuttgart 1962

3. Botsch, O.: Rechnen mit Matrizen, 1. Teil: Elementare Aufgaben aus dem Bürgerlichen Rechnen, Frankfurt 1966, 2. Teil: Gruppen, Ringe, Körper und Vektorräume, Frankfurt 1969

4. Breuer, J.: Einführung in die Mengenlehre, Hannover 1964

5. Dietrich, G./Stahl, H.: Grundzüge der Matrizenrechnung, Leipzig 1967

6. Dietrich, G./Stahl, H.: Matrizen und Determinanten und ihre Anwendung in Technik und Ökonomie, Leipzig 1969

7. Eisenführ, E.: Lineare Programmierung für Anfänger, in: Der Graduierte Betriebswirt, 1968, S. 271 ff.

8. Fay, F. J.: Infinitesimalrechnung und Nichtlineare Optimierung, Wiesbaden 1970

9. Glatfeld, M.: Lösungsmethoden bei Extremwertaufgaben, in: Der Mathematikunterricht, 15. Jg., Heft 5, S. 5 ff.

10. Hadley, G.: Nichtlineare und Dynamische Programmierung, 1969

11. Krekó, Béla: Lehrbuch der linearen Optimierung, Berlin 1964

12. Künzi/Tzschach/Zehnder: Numerische Methoden der mathematischen Optimierung, Stuttgart 1966

13. Oberschelp, W.: Klassische Extremwertaufgaben und moderne Optimierungsprobleme, in: Der Mathematikunterricht, 15. Jg., Heft 5, S. 45 ff.

14. Sadowski, W.: Theorie und Methoden der Optimierungsrechnung in der Wirtschaft, Berlin 1963

15. Schmittlein, H./Kratz, J.: Lineare Algebra, München 1965

16. Schröter/Scheik: Element und Menge, Essen 1969

17. Sommer, F.: Einführung in die Mathematik für Studenten der Wirtschaftswissenschaften, Berlin 1962

18. Stimmel, M.: Lineares Programmieren. Eine Einführung in Verfahren, Technik und Anwendungsmöglichkeiten, in: Der Graduierte Betriebswirt 1970, S. 17 ff. und S. 123 ff., 132

19. Wetterling/Collatz: Optimierungsaufgaben, Berlin 1966